T0225080

Analysis verständlich unterrichten

Mathematik Primar- und Sekundarstufe

Herausgegeben von
Prof. Dr. Friedhelm Padberg
Universität Bielefeld

Bisher erschienene Bände:

Didaktik der Mathematik

A.-M. Fraedrich: Planung von Mathematikunterricht in der Grundschule (P)
M. Franke: Didaktik der Geometrie (P)
M. Franke: Didaktik des Sachrechnens in der Grundschule (P)
K. Hasemann: Anfangsunterricht Mathematik (P)
G. Krauthausen/P. Scherer: Einführung in die Mathematikdidaktik (P)
G. Krummheuer/M. Fetzer: Der Alltag im Mathematikunterricht (P)
F. Padberg: Didaktik der Arithmetik (P)

R. Danckwerts/D. Vogel: Analysis verständlich unterrichten (S)
G. Holland: Geometrie in der Sekundarstufe (S)
F. Padberg: Didaktik der Bruchrechnung (S)
H.-J. Vollrath: Algebra in der Sekundarstufe (S)
H.-J. Vollrath: Grundlagen des Mathematikunterrichts in der Sekundarstufe (S)
H.-G. Weigand/T. Weth: Computer im Mathematikunterricht (S)

Mathematik

F. Padberg: Einführung in die Mathematik I – Arithmetik (P)
F. Padberg: Zahlentheorie und Arithmetik (P)
M. Stein: Einführung in die Mathematik II – Geometrie (P)
M. Stein: Geometrie (P)

K. Appell/J. Appell: Mengen – Zahlen – Zahlbereiche (P/S)
S. Krauter: Erlebnis Elementargeometrie (P/S)
H. Kütting: Elementare Stochastik (P/S)
F. Padberg: Elementare Zahlentheorie (P/S)
F. Padberg/R. Danckwerts/M. Stein: Zahlbereiche (P/S)

Weitere Bände in Vorbereitung:

Mathematisch begabte Grundschulkinder (P)

Didaktik der Geometrie (S)
Didaktik des Sachrechnens (S)

P: Schwerpunkt Primarstufe
S: Schwerpunkt Sekundarstufe

Rainer Danckwerts / Dankwart Vogel

Analysis verständlich unterrichten

Spektrum
AKADEMISCHER VERLAG

Autoren
Prof. Dr. Rainer Danckwerts
Mathematik und ihre Didaktik
Universität Siegen
E-Mail: danckwerts@mathematik.uni-siegen.de

Dr. Dankwart Vogel
Fachleitung Mathematik
Studienseminar Bielefeld
E-Mail: a_d_vogel@t-online.de

Bibliografische Information der Deutschen Nationalbibliothek
Die Deutsche Nationalbibliothek verzeichnet diese Publikation in der Deutschen Nationalbibliografie; detaillierte bibliografische Daten sind im Internet über http://dnb.d-nb.de abrufbar.

Springer ist ein Unternehmen von Springer Science+Business Media
springer.de

1. Auflage 2006, Nachdruck 2010
© Springer-Verlag Berlin Heidelberg 2006
Spektrum Akademischer Verlag ist ein Imprint von Springer

10 11 12 13 14   5 4 3 2

Planung und Lektorat: Dr. Andreas Rüdinger, Bianca Alton
Umschlaggestaltung: SpieszDesign, Neu-Ulm
Satz: Autorensatz

ISBN 978-3-8274-1740-4

Inhalt

Vorwort

Kein Abiturient kommt an der Analysis vorbei. Und doch: Schüler und Lehrer leiden; häufig genug bleiben Sinn und Bedeutung der verhandelten Dinge auf der Strecke. Unbestritten – Analysis zu unterrichten ist ein schwieriges Geschäft.

Uns treibt die Frage um: Welche Sichtweise auf den Gegenstand hilft, *Analysis verständlich zu unterrichten*?

Wir richten uns mit diesem Buch an den angehenden, aber auch an den praktizierenden Lehrer, und daher eher an den Praktiker und weniger an den Theoretiker.

Nach unserer Überzeugung kommt man der Gemengelage nur bei, wenn man über eine geeignete *fachdidaktische Orientierung* verfügt. Eine solche stellen wir hier vor und illustrieren sie konsequent an zentralen Gegenständen des etablierten Analysisunterrichts. Im Kern stützen wir uns dabei auf unsere früheren Arbeiten.

Um die Erwartungen des Lesers klar zu halten: Wir haben nicht vor, den Stand der fachdidaktischen Diskussion zum Lernbereich Analysis in voller Breite widerzuspiegeln. (Daher haben wir das Buch auch nicht „Didaktik der Analysis" genannt.) Klar ist auch, dass dies kein Lehrbuch der Analysis ist. Im Gegenteil, wir setzen eine gewisse Vertrautheit mit analytischen Begriffen und Methoden voraus.[1]

Was wird in diesem Buch inhaltlich verhandelt?

Wir starten programmatisch mit unseren fachdidaktischen *Grundpositionen* (Kapitel 1). Sie bilden das Fundament für alles Weitere. Die anschließend diskutierten Themen sind gute Bekannte aus dem Analysisunterricht: Folgen, Ableitung und Integral, Kurvendiskussion sowie Extremwertprobleme. Mancher Leser wird diesen alten Bekannten neue Seiten abgewinnen.

Zur groben ersten Orientierung für diese Themen: Welche Rolle haben die *Folgen* in einem verstehensorientierten Analysisunterricht? Dieser Frage gehen wir in Kapitel 2 nach. Sodann wenden wir uns dem mit Abstand wichtigsten Begriff der

---

[1] Etwa auf dem Niveau unseres Textbuches zur elementaren Analysis Danckwerts/Vogel 1991.

X

Schulanalysis zu, nämlich der *Ableitung*. Im Mittelpunkt stehen hier tragfähige inhaltliche Grundvorstellungen dieses Begriffs (Kapitel 3). Mit derselben Zielsetzung beleuchten wir dann in Kapitel 4 den *Integralbegriff*. Die gute alte *Kurvendiskussion* verdient Bestätigung und Kritik (Kapitel 5). Ähnlich ergeht es dem anderen Klassiker der Schulanalysis, den *Extremwertproblemen* (Kapitel 6). Das Buch schließt mit einem Exkurs zur Geschichte des Analysis*unterrichts*.

Danksagung

Viele Menschen haben zur Entstehung dieses Buches beigetragen, u. a. Katrin Köster, Julia Nies, Nicole Schlosser, Ute Völkel, Andreas Vohns und Daniel Zizka. Besonders danken wir Frau Dorothee Maczey (Universität Siegen) für ihren großen persönlichen Einsatz, von der kritisch-konstruktiven Durchsicht des Manuskripts bis hin zur umfassenden technischen Unterstützung.

Siegen, Bielefeld   *Rainer Danckwerts, Dankwart Vogel*
November 2005

1 Grundpositionen

Vor mehr als einem Jahrzehnt fand eine öffentliche Diskussion statt, in der noch heute gültige Grundprobleme des Analysisunterrichts verhandelt wurden (Abschnitt 1). Diese Diskussion werden wir in einen allgemeinen fachdidaktischen Bezugsrahmen einbetten (Abschnitt 2), der anschließend für den Lernbereich Analysis programmatisch konkretisiert wird (Abschnitt 3). Damit ist ein Referenzrahmen für dieses Buch entwickelt, der sich gleichermaßen als didaktisches Analyse- und Konstruktionsinstrument bewähren soll.

1.1 Eine öffentliche Diskussion

Erstaunlich aktuell sind die Fragen, die vor mehr als einem Jahrzehnt anlässlich einer Podiumsdiskussion auf der Jahrestagung des Deutschen Vereins zur Förderung des mathematischen und naturwissenschaftlichen Unterrichts (MNU) diskutiert wurden: Unter der Leitfrage „Quo vadis Analysisunterricht?" ging es um dessen Ziele, Perspektiven und um den Einfluss des Mediums Computer. Auf dem Podium saßen vier gestandene Praktiker, alle mit Erfahrungen in der Ausbildung von Referendaren: Lutz Führer, Wolfgang Kroll, Günter Schmidt und Günter Steinberg.

Im Wesentlichen waren zwei Positionen auszumachen. Während die einen (Führer und Kroll) auf *Anwendungsorientierung* drängten (Position 1), setzten die anderen (Schmidt und Steinberg) darauf, dass analytische *Ideen und Zusammenhänge* stärker ins Blickfeld rücken werden (Position 2):[1]

Position 1
„Wenn der Analysisunterricht seiner allgemeinbildenden Funktion für einen immer größer werdenden Anteil der heranwachsenden Generation gerecht werden will, müssen die Anwendungen, nicht der kanonische Aufbau der Analysis im Mittelpunkt des Unterrichts stehen. (...)
In erster Linie kommt es auf die Entwicklung grundlegender Intuitionen an, die

---

[1] Die folgenden Zitate stammen aus dem Bericht Danckwerts/Vogel 1992.

globale Strategien vermitteln und das Vertrauen in das eigene Denken stärken."
(Kroll)

„Die Unterrichtsschwerpunkte werden sich früher oder später mehr von (möglichst lückenlos) entwickelnden auf rein informierende Phasen verlagern müssen, insbesondere um wenigstens berichtsweise mit ernsthaften Anwendungsbeispielen die tatsächliche Relevanz der Methoden glaubhaft zu machen."
„Die wünschenswerte Entwicklung und Reflexion begrifflicher Fundamente und Grenzen wird weiter verkümmern".
(Führer)

Position 2
„Das Erschließen von Begriffen, Zusammenhängen und Beweisen darf nicht zum notwendigen, aber lästigen Übel ausarten – das letztlich vergessen werden darf – wenn der verständnisvolle Umgang mit der Mathematik und deren Hilfsmitteln im Zentrum von Mathematikunterricht stehen soll!
(...) jedes Mehr (muss) ein Tiefer oder Gründlicher sein."
(Steinberg)

Die beiden Positionen spiegeln sich auch in der Rolle wider, die dem Medium Computer zugeschrieben wird:

Position 1
„Der kanonische Analysisunterricht muss sich den vorhandenen Computer- und den zu erwartenden Taschenrechner-Möglichkeiten stellen. (...) Die Behandlung realer Anwendungen wird durch die Rechner nur bei Benutzung von ‚black boxes' einfacher."
(Führer)

„[Das] mag man getrost grafikfähigen Taschenrechnern oder Computern überlassen. Ich bin froh, dass es sie gibt, schon zu erschwinglichem Preis; denn dadurch liegen auch Kurven in Parameterdarstellung in Reichweite eines anwendungsbezogenen Unterrichts."
(Kroll)

Position 2

Die „Möglichkeiten des Computers im Analysisunterricht [können] als Chance zur Neubesinnung (Rückbesinnung) auf die eigentlich bildenden Aspekte im Unterricht dienen."
(Schmidt)

„Wir haben die Chance, gedankliche Prozesse sichtbar, damit vielleicht leichter begreifbar zu machen, hüten wir uns, die Gedanken selbst dabei zu vergessen!"
(Steinberg)

Einigkeit bestand unter den Diskutanten darin, dass erfolgreicher Analysisunterricht davon lebt, *heuristischen Denk- und Arbeitsweisen* genügend Raum zu geben.

Was zeigt diese Diskussion?

Es ist bemerkenswert, dass alle vier Experten die Situation als unbefriedigend erleben und zugleich zu sehr unterschiedlichen Einschätzungen kommen. Neben den beiden gut zu unterscheidenden Positionen (hier eher pragmatisch, dort eher idealistisch) schimmert auch eine gewisse Ratlosigkeit durch, die nicht etwa der mangelnden Kompetenz der Befragten zuzurechnen ist. Vielmehr geht es um charakteristische Schwierigkeiten des Auftrags, Analysis zu unterrichten. Sie hängen zutiefst mit dem Gegenstand zusammen und werden bleiben – mit und ohne Computer.

Wir benennen zwei dieser Schwierigkeiten.

- Da ist *zum einen* das schwierige *Verhältnis* von *Anschaulichkeit und Strenge*[1]. Es spitzt sich für den Analysisunterricht zu, weil die klassische Analysis über einen breit geteilten kanonischen (deduktiven) Aufbau verfügt; schließlich ist das Programm der Arithmetisierung der Analysis längst erfolgreich abgeschlossen. Dieser Aufbau gehört zum gesicherten und als selbstverständlich angesehenen Wissensbestand eines jeden, der Analysis unterrichtet. Nicht untypisch ist jedoch die Äußerung: „Ich weiß doch, wie es richtig wäre, aber im Unterricht kann ich das (leider) so nicht machen. Mir bleiben nur halbe Sa-

---

[1] Bereits in den 70er Jahren wurde dieses Verhältnis kontrovers diskutiert, vgl. hierzu Blum/Kirsch 1979.

chen." Jedes Mehr an Anschaulichkeit auf Kosten der Strenge gleicht dann einer Verwässerung des mathematischen Anspruchs.

Damit sind wir bei einem Kernproblem des Analysisunterrichts: Die Analysis ist ein Paradebeispiel einer Theorie, die nicht als bruchlose Fortsetzung und bloße Verstärkung des Alltagsdenkens verstanden werden kann.

Dies zeigt sich etwa an der Rolle der Vollständigkeit der reellen Zahlen: Die Vollständigkeit ist einerseits unverzichtbar für die Theoriebildung (man startet aus gutem Grund mit den reellen Zahlen als vollständiger angeordneter Körper), andererseits wird sie im Unterricht über die Anwendung der globalen Sätze zwar benutzt, aber nicht thematisiert. (Warum machen wir Analysis eigentlich nicht auf $\mathbb{Q}$?) Das Problem, erst durch den Übergang zur *lückenlos* besetzten Zahlengeraden in den Genuss der Werkzeuge der Analysis zu kommen (globale Sätze), kann eben nicht in der Fortsetzung des Alltagsdenkens verstanden werden. Dieser Bruch ist ein charakteristisches Merkmal für die Theoriehaltigkeit der Analysis. Er ist zugleich ein typisches Beispiel für die Spannungen zwischen normativen Stoffbildern bei Lehrenden und individuellen Sinnkonstruktionen bei Lernenden.

Die Analysis ist in der Tat ein sehr entwickeltes Beispiel für eine deduktiv geordnete Welt mit eigenen Gesetzen. Um dies unterrichtlich adäquat abzubilden, müssen Brüche der beschriebenen Art im Grunde thematisiert werden. Hier sind für die Schüler nur erste Schritte unter kundiger Begleitung möglich. Man sieht im Übrigen, dass die universitäre Lehre für die Verbesserung des Analysisunterrichts eine Schlüsselrolle hat.

- *Zum anderen* geht mit dem Wunsch, der inneren Systematik der Analysis gerecht zu werden, die durchgängige Praxis einher, *heuristischen Denk- und Arbeitsweisen kaum Raum* zu geben. Die Analysis entzieht sich dem Ad-hoc-Zugriff auf ihre Inhalte und den Ad-hoc-Methoden beim Problemlösen.

Mehr noch: Gerade weil die Analysis eine so entwickelte Theorie ist, erscheint es besonders schwierig, in sich abgeschlossene sinnstiftende Erfahrungen zu ermöglichen, die sich auf ein bis zwei Unterrichtsstunden begrenzen lassen. Hier erweist sich der 45-Minuten-Takt als besonders hinderlich.

Darüber hinaus gibt es eine hoch entwickelte und unangefochtene schulische *Aufgaben- und Prüfungskultur* mit einer normativen Kraft, der man sich nur schwer entziehen kann. Diese Kultur betont einseitig die Kalkülorientierung der Analysis und verkürzt die Anwendungen weitgehend auf eingekleidete Aufgaben. Eine Anwendungsorientierung im Sinne modellbildender Aktivitäten kommt praktisch nicht vor.

Hinzu kommt: Die Kalkülorientierung der Analysis ist naturgemäß algebraintensiv, und gerade hier stolpern die Schüler über mangelnde Fertigkeiten aus der Mittelstufe. (Computer-Algebra-Systeme lösen dieses Problem keineswegs von selbst, da sie ihrerseits eines verständigen Umgangs mit elementarer Algebra bedürfen![1])

Fazit

Der gängige Analysisunterricht hat die Tendenz, echte *Anwendungen* und *heuristisches Arbeiten* zugunsten der Analysis als entwickelte *Theorie* zu vernachlässigen. Zudem wird die Theorie in der Regel verkürzt auf den Kalkülaspekt. Diese Defizite sind nicht in erster Linie den Verhältnissen anzulasten (Lehrtradition, Qualität der Lehrer, veränderte Schülerpopulation, gesellschaftliches Umfeld, äußere Bedingungen), sondern sie sind vor allem ein Reflex auf die Schwierigkeiten, die dem mathematischen Gegenstand Analysis innewohnen.

1.2 Ein Bezugsrahmen

Um die beschriebene Problematik besser einordnen und handhaben zu können, betten wir sie in einen größeren Zusammenhang ein und fragen, was den allgemeinbildenden Auftrag des Mathematikunterrichts – und im Besonderen des Analysisunterrichts – ausmacht.

Wir bedienen uns eines Bezugsrahmens, der unter den für den Mathematikunterricht Verantwortlichen breit geteilt wird und Mitte der 90er Jahre von Heinrich Winter so formuliert wurde[2]:

---

[1] Vgl. hierzu etwa Drijvers 2003.

[2] Winter 1996, S. 37; Hervorhebungen von uns.

Der Mathematikunterricht ist dadurch allgemeinbildend, dass er drei Grunderfahrungen ermöglicht:

(G1) *„Erscheinungen der Welt um uns,* **die uns alle angehen oder angehen sollten, aus Natur, Gesellschaft und Kultur,** *in einer spezifischen Art wahrzunehmen und zu verstehen,*

(G2) **mathematische Gegenstände und Sachverhalte, repräsentiert in Sprache, Symbolen, Bildern und Formeln, als geistige Schöpfungen, als eine** *deduktiv geordnete Welt eigener Art kennen zu lernen und zu begreifen,*

(G3) **in der Auseinandersetzung mit Aufgaben Problemlösefähigkeiten, die über die Mathematik hinaus gehen,** *(heuristische Fähigkeiten)* **zu erwerben.“**

Dieser Bezugsrahmen wurde zum tragenden Element einer im Jahre 2000 von der Kultusministerkonferenz der Länder (KMK) in Auftrag gegebenen Expertise zu den Perspektiven des Mathematikunterrichts in der gymnasialen Oberstufe. [1]
Die dort entfalteten programmatischen Orientierungen sind für unsere Überlegungen zum Analysisunterricht in diesem Buch leitend.

Im Folgenden stellen wir die Kernthesen der Expertise gebündelt dar.

Charakteristisch für die Mathematik ist das Spannungsverhältnis zwischen den beiden ersten Grunderfahrungen, das die breite Anwendbarkeit der Mathematik erst möglich macht. Im Oberstufenunterricht muss dieses dynamische Gleichgewicht in besonderem Maße zur Geltung kommen. Anwendungen im Sinne modellbildender Aktivitäten sind dafür konstituierend und deshalb unverzichtbar.

Heuristische Fähigkeiten ($\rightarrow$ G3) sind Grundlage für eine verständige Erschließung unserer Welt. Sie sind eingebettet in eine *intellektuelle Haltung,* zu der auch die Bereitschaft gehört, sich frei, kreativ und positiv gestimmt einer gedanklichen Herausforderung zu stellen. Die Entwicklung dieser Haltung zählt zu den zentralen Aufgaben des Mathematikunterrichts. In der Sekundarstufe II gilt es darüber hinaus, sich der Kraft heuristischer Strategien *bewusst* zu werden.

---

[1] Vgl. Borneleit/Danckwerts/Henn/Weigand 2001 (Kurz- und Langfassung).

Der Einsatz neuer Technologien ist für alle drei Grunderfahrungen gleichermaßen bedeutsam und hilfreich: Zum einen ist der Computer ein leistungsfähiges Werkzeug zur Unterstützung von Modellbildungen und Simulationen (→ G1), zum anderen kann er – vor allem durch dynamische Visualisierungen – den Aufbau adäquater Grundvorstellungen mathematischer Begriffe positiv beeinflussen (→ G2), und schließlich beflügelt der Computer heuristisch-experimentelles Arbeiten beim Problemlösen (→ G3).

Der entscheidende Punkt ist: *Erst in der expliziten wechselseitigen Integration aller drei Grunderfahrungen kann der Mathematikunterricht in der gymnasialen Oberstufe seine spezifisch bildende Kraft entfalten.* Dies ist die mathematikdidaktische Position als Antwort auf den Bildungsauftrag der gymnasialen Oberstufe, der nach breitem Konsens darin besteht, vertiefte Allgemeinbildung, Wissenschaftspropädeutik und Studierfähigkeit zu verbinden.

Um die wechselseitige Abhängigkeit der Grunderfahrungen erlebbar zu machen, bedarf es einer spezifischen Art und Weise des Umgangs mit der Mathematik. Es geht um die Balance zwischen *Mathematik als Produkt* und *Mathematik als Prozess*. Beide Sichtweisen gehören zu einem gültigen Bild von der Mathematik. Die folgende Gegenüberstellung versucht, das Spannungsverhältnis mit Blick auf den Unterricht schlaglichtartig zu beleuchten:

	Mathematik als Produkt	vs.	**Mathematik als** Prozess

<table>
<tr><td>isolierte Probleme
mit eindeutiger Lösung</td><td>vernetzte Problemfelder
mit vielfältigen Lösungen</td></tr>
<tr><td>Vermittlung und
Anwendung eines Kalküls</td><td>einsichtige Erarbeitung
eines Kalküls</td></tr>
<tr><td>im vorgegebenen mathemati-
schen Modell arbeiten</td><td>Realität modellieren</td></tr>
<tr><td>konvergente,
ergebnisorientierte
Unterrichtsführung</td><td>offene,
prozessorientierte
Unterrichtsführung</td></tr>
<tr><td>Fehler als Zeichen
mangelnder
Produktbeherrschung</td><td>Fehler als Anlass
für konstruktive
Verbesserungen</td></tr>
</table>

insgesamt

Abgeschlossenheit anstreben	**Offenheit** bewusst zulassen

Nur eine prinzipiell offene, prozessorientierte Unterrichtsführung kann der Bedeutung der Heuristik für das Lernen von Mathematik gerecht werden (vgl. Grunderfahrung G3).

Das bisher entfaltete fachdidaktische Credo hat Konsequenzen für die Gestaltung des Oberstufenunterrichts im Fach Mathematik. Zu beachten sind folgende Leitlinien:

(L1) Grund- und Leistungskurse bedürfen gleichermaßen aller drei Grunderfahrungen. Leistungskurse dürfen sich nicht auf die zweite, Grundkurse nicht auf die erste Grunderfahrung beschränken.

(L2) Jeder Lernbereich (Analysis, Analytische Geometrie, Stochastik) muss seine verbindlichen Inhalte als exemplarischen Beitrag zur Integration der drei Grunderfahrungen legitimieren.

(L3) Die zentrale Stellung der dritten Grunderfahrung erzwingt, die Bedeutung der formalen Fachsprache im Unterricht zu relativieren.[1]

Um der zweiten Leitlinie zu genügen, sind für die Auswahl der Lerninhalte folgende Kriterien hilfreich:

- Ist der Lerninhalt an *fundamentalen Ideen* orientiert?

  Die Orientierung an fundamentalen Ideen ist eines der wichtigsten globalen normativen fachdidaktischen Prinzipien[2]. Charakteristische Merkmale solcher Ideen sind:
  - Sie durchziehen das Curriculum wie ein ‚roter Faden' und können im Sinne des Spiralprinzips auf unterschiedlichen Niveaus konkretisiert werden (*Weite*).
  - Sie geben, zumindest partiell, Aufschluss über das Wesen der Mathematik (*Tiefe*).
  - Sie lassen eine Verankerung im Alltagsdenken erkennen (*Sinn*).

- Kommen inhaltliche *Grundvorstellungen* zum Tragen?

  Eine Stärkung des inhaltlichen Verstehens im Mathematikunterricht ist untrennbar verbunden mit einer Priorität für den Aufbau von Grundvorstellungen[3] beim Lernenden. Hierzu gehört, bei Begriffsbildungen und Begründungen stärker inhaltlich und weniger formal zu argumentieren. Weiter ist es notwendig, zwischen der Idee und Bedeutung eines mathematischen Begriffs oder Verfahrens einerseits und dem kalkülhaften Umgang damit andererseits deutlich zu unterscheiden.

---

[1] Vgl. hierzu den Diskussionsbeitrag Maier 2004.

[2] Für eine mathematikdidaktische Einordnung verweisen wir auf die einschlägige Literatur, etwa Schweiger 1992.

[3] Für eine Einordnung der Grundvorstellungen als mathematikdidaktische Kategorie vgl. vom Hofe 1995.

- Bestehen Möglichkeiten der inhaltlichen *Vernetzung*?

Da erfolgreiches Lernen von Mathematik kumulativ ist, wird die Vernetzung neuer Inhalte mit dem Vorwissen zu einer wichtigen Bedingung für den Unterricht. Überdies unterscheidet man die vertikale und horizontale Vernetzung der Inhalte. Bei der *vertikalen* Vernetzung geht es um Ideen, die sich gleichsam wie ein roter Faden längs durch das Curriculum ziehen[1]. *Horizontale* Vernetzung meint die Brücken zwischen den drei Lernbereichen der Oberstufenmathematik.

- Bestehen Möglichkeiten der Erschließung echter *Anwendungen*?

Dass der Mathematikunterricht realitätsnäher werden muss, ist inzwischen allgemeiner Konsens[2]. Anwendungsorientierung im Sinne modellbildender Aktivitäten bedeutet das bewusste Durchlaufen des Modellbildungskreislaufs mit Problembeschreibung, mathematischer Modellierung, Durchführung der Modellrechnungen, Interpretation und Validierung der Ergebnisse. Dies alles müssen Lernende an konkreten Beispielen selbst erleben[3].

Die Beachtung dieser Kriterien macht eine gute Auswahl der Lerninhalte wahrscheinlicher.

1.3 Zurück zum Analysisunterricht

Wir wenden zunächst den entwickelten fachdidaktischen Bezugsrahmen an, um die eingangs geschilderte öffentliche Diskussion besser zu verstehen.

Im Wesentlichen waren zwei Positionen unterscheidbar, die sich mit Hilfe der drei Winterschen Grunderfahrungen gut einordnen lassen: Während die einen (Position 1) auf Anwendungsorientierung drängten (Stärkung der Grunderfahrung G1), setzten die anderen (Position 2) auf die analytischen Ideen und Zusammenhänge

---

[1] Natürliche Kandidaten für solche roten Fäden sind die schon betrachteten fundamentalen Ideen (vgl. ihr erstes charakteristisches Merkmal).

[2] Vgl. etwa Henn 1997.

[3] Konstruktive Beiträge zu einem realitätsorientierten Mathematikunterricht werden seit geraumer Zeit von den Gruppen ISTRON und MUED geleistet. Zum Verständnis des Modellbildungskreislaufs vgl. Schupp 1994.

(Stärkung der Grunderfahrung G2). Einigkeit bestand darin, dass erfolgreicher Analysisunterricht davon lebt, heuristischen Denk- und Arbeitsweisen genügend Raum zu geben (Grunderfahrung G3).

Die Kritik am gängigen Analysisunterricht lässt sich dann prägnant so aussprechen: Er hat die Tendenz, die Grunderfahrung G1 (Anwendungen) und G3 (heuristisches Arbeiten) zugunsten der Grunderfahrung G2 (Analysis als Theorie) zu vernachlässigen. Zudem wird die Grunderfahrung G2 in der Regel verkürzt auf den Kalkülaspekt. Von einer wechselseitigen Integration aller drei Grunderfahrungen ist der Analysisunterricht weit entfernt.

Es bleibt, den bereitgestellten *allgemeinen* Bezugsrahmen zu konkretisieren für den Lernbereich Analysis.
Beginnen wir mit einer Spezifizierung der drei *Grunderfahrungen*:

Die Erste richtet den Blick auf solche außermathematischen Probleme, die sich erfolgreich mit *analytischen* Begriffen und Methoden modellieren lassen. Beispiele dafür sind Modellierungen mit Hilfe des Ableitungsbegriffs (im Verständnis der lokalen Änderungsrate) und mit Hilfe des Integralbegriffs (im Verständnis des Integrierens als Rekonstruieren).[1]

Die zweite Grunderfahrung zielt zum einen auf den Prozess der Begriffsentwicklung, an dessen (vorläufigem) Ende *analytische* Begriffe stehen, die sich von Anschauung und Sachkontexten gelöst haben und damit einen Zugang zur Analysis als „deduktiv geordneter Welt eigener Art" eröffnen. Beispiele dafür sind der Grenzwert-, der Ableitungs- und Integralbegriff mit ihren analytischen Definitionen ebenso wie eine Reflexion über die Bedeutung der Vollständigkeit der reellen Zahlen für die Begründung der Kurvendiskussion. Zum anderen zielt die Grunderfahrung G2 auf die Entwicklung analytischer Kalküle und die Einsicht in ihre Leistungsfähigkeit. Beispiele dafür sind die Ableitungsregeln sowie der Extremwertkalkül.

Bei der dritten Grunderfahrung gibt es eine für die Analysis typische heuristische Aktivität, nämlich das Argumentieren mit dem *intuitiven* Grenzwertbegriff. Statt

---

[1] Vgl. Kap. 3 und 4.

mit dem analytisch vollzogenen Grenzübergang wird mit hinreichend kleinen Größen argumentativ operiert.

Die Forderung nach der expliziten Integration aller drei Grunderfahrungen bedeutet für den Analysisunterricht: Halte Ausschau nach solchen Problemen der „Welt", die mit Hilfe der analytischen Grundbegriffe modellierbar sind, sich mit elementarer analytischer Theorie lösen lassen und zugleich Analysis-spezifische heuristische Strategien herausfordern.

Damit ist auch klar, wie wichtig eine Sicht der Analysis *als Prozess* ist (im Gegensatz zur Analysis als fertige und kanonisierte Theorie). Paradebeispiel für eine gelungene Balance zwischen Analysis als Produkt und Analysis als Prozess ist eine „gute" Kurvendiskussion.[1]

Die genannten *Leitlinien* lesen sich für den Lernbereich Analysis so:

Leitlinie L1 fordert, in Leistungskursen nicht ausschließlich auf den kanonischen theoretischen Aufbau der Analysis zu zielen und Grundkurse nicht ausschließlich auf den Anwendungsaspekt zu reduzieren. Leitlinie L3 relativiert die Bedeutung der analytischen Fachsprache in der unterrichtlichen Auseinandersetzung mit analytischen Problemen. Auch in natürlicher Sprache sind die Ideen der Analysis kommunizierbar ohne inhaltliche Verfälschung (hier insbesondere im Umgang mit dem Grenzwertbegriff). Um der Leitlinie L2 zu genügen, wurden für die Auswahl der Lerninhalte vier Kriterien genannt, die wir für die Analysis nachfolgend konkretisieren.

Fundamentale Ideen

Zu den für die Analysis bedeutsamen fundamentalen Ideen gehören

- die Idee des *Messens* (die den Begriff der reellen Zahl ebenso berührt wie den Ableitungs- und Integralbegriff)

- die Idee des *funktionalen Zusammenhangs* (von der die gesamte Analysis durchgängig lebt)

---

[1] Vgl. Kap. 5.

- die Idee der *Änderungsrate* (die die inhaltliche Bedeutung von Ableitung *und* Integral konstituiert)

- die Idee des *Approximierens* (die über den Grenzwertbegriff zum inhaltlichen und operativen Kern der Analysis wird)

- die Idee des *Optimierens* (die im Extremwertkalkül der Analysis eine zentrale Stellung hat).

Grundvorstellungen

Wesentlich ist die Unterscheidung zwischen Idee und Bedeutung eines analytischen Begriffs oder Verfahrens einerseits und dem kalkülhaften Umgang damit andererseits. Beispiele dafür enthält die folgende Gegenüberstellung.

Idee und Bedeutung	vs.	kalkülhaftes Arbeiten
Ableitung als Idee des Übergangs von der mittleren zur lokalen Änderungsrate		Bestimmen von Ableitungsfunktionen nach syntaktischen Regeln
Integral als Idee der Rekonstruktion einer Funktion aus ihren Änderungsraten		Bestimmen von Stammfunktionen und Flächeninhalten nach syntaktischen Regeln
Idee der schrittweisen Approximation von Nullstellen durch das Newtonverfahren (oder ein anderes Iterationsverfahren)		Anwenden des Newtonverfahrens (mit oder ohne Rechner) bei passender Abbruchbedingung
„Kurvendiskussion" als kompetente Analyse der Eigenschaften von Funktionen		„Kurvendiskussion" als Anwendung eines fertigen Schemas

Grundvorstellungen und Kalkülorientierung haben ein natürliches und zu thematisierendes Spannungsverhältnis. Es wäre ein Missverständnis, kalkülhaftes Arbeiten zu diskreditieren, schließlich verdankt die Analysis als Disziplin ihren Siegeszug wesentlich der Entwicklung leistungsfähiger Kalküle.[1] Es geht vielmehr um eine fruchtbare Balance zwischen beiden Polen.

Inhaltliche Vernetzung

Das für die Analysis vielleicht tragfähigste Beispiel für eine *vertikale* Vernetzung ist die Idee der *Änderung*, die von ersten Erfahrungen im Mathematikunterricht der Grundschule über absolute und relative Änderungen in der Bruch- und Prozentrechnung in der Mittelstufe bis zu mittleren und lokalen Änderungsraten, also bis zum Ableitungsbegriff in der Analysis der Oberstufe reicht. In ähnlicher Weise ist etwa der Flächeninhalt ein Element für die vertikale Vernetzung des Integralbegriffs.

Horizontal wird die Analysis mit den beiden anderen Lernbereichen der Oberstufenmathematik, also mit der Analytischen Geometrie und der Stochastik, vernetzt. Ein Beispiel für die Vernetzung mit der Raumgeometrie sind die Kurven, ein Beispiel für die Verzahnung mit der Stochastik ist die Normalverteilung.

Für einen verständigen Umgang mit den Grundkonzepten der Analysis ist die vertikale Vernetzung der Inhalte weit bedeutsamer. Dagegen setzt eine horizontale Vernetzung analytischer Inhalte bis zu einem gewissen Grade entwickelte Kalkülanteile voraus[2].

Anwendungsorientierung

Ein für die Analysis spezifisches Problem bei der Modellbildung ist die Einbettung einer von Hause aus diskreten Problemstellung in ein kontinuierliches Modell. Man geht diesen Weg, um in den Genuss der Leistungsfähigkeit der analytischen Theorie zu kommen (etwa der Kriterien der Kurvendiskussion). Dies erfordert dann eine besondere Sorgfalt bei der Interpretation und Validierung der Modellrechnungen. Man denke etwa an Probleme aus wirtschaftswissenschaftlichen Sachzusammenhängen. In kinematischen oder geometrischen Kontexten ist die analytische Modellbildung weniger problematisch, weshalb solche Kontexte in der Unterrichtspraxis meist bevorzugt werden.

---

[1] Zum anderen wird so mancher Schüler erst über das kalkülhafte Arbeiten an die Sache herangeführt und für die Bedeutungsfrage gewonnen.

[2] Das mag ein Grund dafür sein, dass die horizontale Vernetzung der Analysis in der fachdidaktischen Diskussion wie in der Praxis nicht so recht vorankommt.

1.4 Ausblick

Wir haben eine programmatische Orientierung gewonnen, die sich nun im Folgenden bewähren muss. Behandelt werden die fest etablierten Themenfelder des Analysisunterrichts: Folgen, Ableitungs- und Integralbegriff, Kurvendiskussion und Extremwertprobleme. Sie werden aus der Sicht der Grundpositionen dieses Kapitels eine Neubelebung erfahren. Unser Ziel ist, dem etablierten Analysisunterricht neue Perspektiven zu eröffnen.

Aufgabe

Versuchen Sie in wenigen Sätzen eine Antwort auf die Frage: *Warum sollte man (will ich) Analysis unterrichten?*

2 Zur Rolle der Folgen

Ausgangspunkt ist die Frage nach dem curricularen Ort der Folgen. Sie hängt eng damit zusammen, welche Rolle man ihnen zuweist. Wir begreifen die Folgen als natürliches Instrument zur Beschreibung iterativer Prozesse (Abschnitt 2.1).

Als ein Problem mit Tiefgang erweist sich die vielen Praktikern vertraute Frage, ob $0,\overline{9}$ wirklich gleich 1 ist. Hier gilt es, die Brücke zu schlagen zwischen der Welt des ursprünglichen Verstehens und der Position des disziplinären Denkens (Abschnitt 2.2).

Den theoretischen Kern des Kapitels bildet die Diskussion um die Rolle der Vollständigkeit der reellen Zahlen. Dabei werden die Folgen zu einem konstruktiven Berechnungs- und Beweisinstrument (Abschnitt 2.3).

2.1 Wo gehören die Folgen hin?

Es gibt eine starke Tradition, mit einem langen Marsch durch das Reich der Folgen und Grenzwerte systematisch in die Schulanalysis einzuführen. Erst dann, so die Befürworter, verfüge man über eine ordentliche analytische Basis für die Entwicklung des Ableitungs- und Integralbegriffs. Für die Verfechter dieses Standpunkts sind damit die Folgen in kanonischer Weise curricular verortet.

Mit den Arbeiten von Blum und Kirsch ist dieser – rein fachsystematisch gut begründeten – Tradition vor mehr als zwei Jahrzehnten viel von ihrer Selbstverständlichkeit genommen worden[1]: Man kann sehr wohl auf der Grundlage eines intuitiven Grenzwertbegriffs[2] den Ableitungs- und Integralbegriff in intellektuell ehrlicher Weise zugänglich machen und zugleich den Weg für eine spätere analytische Präzisierung des Grenzwertbegriffs offen halten[3].

---

[1] Vgl. Blum/Kirsch 1979.

[2] Vgl. hierzu Blum 1979.

[3] Genau mit dieser Orientierung sind die Vorschläge zur Behandlung von Ableitung und Integral in Kapitel 3 und 4 dieses Buches zu lesen.

Die lang gepflegte Tradition eines Vorkurses zu Folgen und Grenzwerten ist damit fragwürdig geworden. So gerät das Problem in den Blick, wie sich die Folgen als *eigenständiger* Unterrichtsgegenstand legitimieren lassen.

Wir begreifen die Folgen als natürliches Instrument zur Beschreibung iterativer Prozesse.[1]

Dieser Perspektive begegnet man in natürlicher Weise etwa bei der diskreten Modellierung von Wachstumsprozessen, und sie schließt die Begegnung mit der Konvergenzproblematik ein.

Wir illustrieren im Folgenden beide Aspekte des Umgangs mit Folgen – *diskrete Modellierung* und *Konvergenz* – an je einem unterrichtsrelevanten Beispiel.

2.1.1 Diskrete Modellierung als rekursiver Prozess – Beispiel: Medikamentenspiegel im Körper

Angenommen, innerhalb von 4 Stunden werden jeweils 25 % eines Medikaments vom Körper abgebaut und ausgeschieden. Die wirksame Anfangsdosis beträgt 100 mg und wird alle 4 Stunden erneut gegeben. Wie entwickelt sich im Laufe der Zeit der Medikamentenspiegel im Körper?

Naheliegend ist eine rekursive Beschreibung: Ist d_n die nach n Perioden à 4 Stunden im Körper vorhandene Menge des Medikaments in mg, so gilt

$$d_1 = \frac{3}{4}d_0 + 100$$

mit dem Anfangswert $d_0 = 100$.

Ebenso ist

$$d_2 = \frac{3}{4}d_1 + 100$$

und allgemein

$$d_{n+1} = \frac{3}{4}d_n + 100, \quad n = 0, 1, 2, \dots .$$

---

[1] Zur didaktischen Begründung vergleiche etwa Weigand 1999.

Die Folge d_0, d_1, d_2, ... wird zum natürlichen Instrument für die Beschreibung des Sachkontextes. Die mathematische Modellierung gelingt hier als *iterativer Prozess*.

Um die langfristige Entwicklung dieses Prozesses (im Beispiel: des Medikamentenspiegels) zu studieren, genügt ein Tabellenkalkulationsprogramm. Dann gewinnt man ein Bild der Situation und erkennt, dass sich der Medikamentenspiegel auf lange Sicht bei etwa 400 mg einpendeln wird.

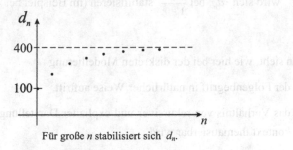

Für große n stabilisiert sich d_n.

Das ist die empirisch-numerische Lösung.

Will man einen theoretischen Standpunkt einnehmen, wird man auch über eine explizite Darstellung von d_n (als Funktion von n) verfügen wollen. Dazu startet man allgemein mit

$$d_{n+1} = r \cdot d_n + c$$

und iteriert

$$d_2 = r \cdot d_1 + c$$
$$= r \cdot (r \cdot d_0 + c) + c$$
$$= r^2 d_0 + c(r+1)$$

$$d_3 = r \cdot d_2 + c$$
$$= r \cdot (r^2 d_0 + c(r+1)) + c$$
$$= r^3 d_0 + c(r^2 + r + 1)$$

$$...$$

$$d_n = r^n d_0 + c\left(r^{n-1} + r^{n-2} + ... + 1\right).$$

Über die Summenformel der endlichen geometrischen Reihe gewinnt man die gesuchte explizite Darstellung für d_n :

$$d_n = r^n d_0 + c \,\frac{1 - r^n}{1 - r} \quad (r \neq 1).$$

Aus dieser Darstellung lässt sich die langfristige Entwicklung von d_n ablesen: Im Falle $0 < r < 1$ wird r^n mit wachsendem n beliebig klein, daher wird sich d_n bei $\frac{c}{1 - r}$ stabilisieren (im Beispiel bei $\frac{100}{1 - \frac{3}{4}} = 400$).

Man sieht, wie hier bei der diskreten Modellierung

- der Folgenbegriff in natürlicher Weise auftritt,

- das Verhältnis von rekursiver und expliziter Darstellung einer Folge im Sachkontext thematisierbar wird,

- die endliche geometrische Reihe ins Spiel kommt, und

- die Frage nach dem Konvergenzverhalten der geometrischen Folgen (und Reihen) im Sachkontext angelegt ist.

Hier ahnt man etwas von der Kraft und Bedeutung diskreter Denk- und Arbeitsweisen für eine Vitalisierung des Mathematikunterrichts in den Sekundarstufen.[1]

---

[1] So werden zwei wichtige Funktionenklassen der Mittelstufenmathematik – die linearen und die Exponentialfunktionen – in diskreter Sicht zu Standardmodellen für arithmetisches und geometrisches Wachstum: Die Rekursion $d_{n+1} = r \cdot d_n + c$ enthält für $r = 1$ den arithmetischen und für $c = 0$ den geometrischen Fall. Vergleiche hierzu das Lehr- und Arbeitsbuch Kalman 1997, das diese fruchtbare Perspektive konsequent verfolgt.
Zur Bedeutung diskreter Arbeitsweisen im Mathematikunterricht vergleiche die grundlegende Arbeit Thies 2002.

2.1.2 Von der Iteration zum Konvergenzbegriff –
Beispiel: Wurzelziehen vor 3000 Jahren

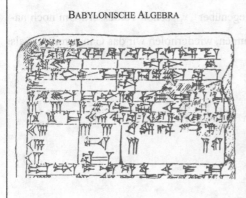

BABYLONISCHE ALGEBRA

Die babylonische Rechenkunst war erstaunlich weit entwickelt. Man verfügte bereits über fortgeschrittene algebraische Techniken und leistungsfähige Lösungsalgorithmen.

Wie man heute weiß, nutzten die Babylonier sogar die Beziehung von Geometrie und Algebra, wenngleich das algebraisch-arithmetische Denken dominierte. Die Rechnungen, in Keilschrift auf Tontafeln geritzt, reichen bis ins Jahr 2000 v. Chr. zurück.

Ein Verfahren zur (näherungsweisen) Berechnung von Quadratwurzeln, das noch heute Verwendung findet, geht auf die alten Babylonier zurück.[1]

Um den Weg von diesem speziellen Verfahren zum allgemeinen Konvergenzbegriff genetisch nachzuzeichnen, brauchen wir einen etwas längeren Atem.
Wir starten ganz konkret.

Nehmen wir an, es ist $\sqrt{28}$ zu berechnen. In der Nähe der gesuchten Zahl liegt 5, denn 5^2 ist gleich 25. Dann ist

$$\sqrt{28} = 5 + r_1 ,$$

wo r_1 für den noch fehlenden Rest steht. Um r_1 zu bestimmen, quadrieren wir:

$$28 = 25 + 10 r_1 + r_1^2 .$$

r_1 ist kleiner als 1, das Quadrat noch kleiner. Deshalb vernachlässigen wir den Summanden r_1^2 und berechnen r_1 aus

$$28 \approx 25 + 10 r_1 .$$

---

[1] Vgl. Wilenkin 1974.

Es ergibt sich $r_1 \approx 0,3$. Damit ist nach $x_1 = 5$ ein *zweiter* Näherungswert für $\sqrt{28}$ gefunden:

$$x_2 = x_1 + 0,3 = 5 + 0,3 = 5,3.$$

Da $x_2^2 = 28,09$ ist, haben wir uns gegenüber x_1 schon verbessert. Um noch näher an die gesuchte Zahl heranzukommen, wiederholen wir das Ganze mit x_2 als Anfangswert

$$\sqrt{28} = x_2 + r_2.$$

Quadrieren und Vernachlässigen von r_2^2 führt zu

$$28 \approx x_2^2 + 2x_2 r_2,$$

woraus $r_2 \approx \dfrac{28 - x_2^2}{2x_2}$

folgt. Unsere *dritte* Näherung für $\sqrt{28}$ ist damit

$$x_3 = x_2 + \frac{28 - x_2^2}{2x_2} = \frac{28 + x_2^2}{2x_2}.$$

Mit $x_2 = 5,3$ ergibt sich $x_3 = 5,2915...$. Auf dieselbe Weise finden wir, ausgehend von x_3, den *vierten* Näherungswert

$$x_4 = \frac{28 + x_3^2}{2x_3} = 5,2915... \; .$$

Die babylonische Methode erweist sich als äußerst effektiv. Bereits nach 2 Schritten sind 4 Dezimalstellen stabil; das Quadrat von x_3 weicht um weniger als 0,0001 von 28 ab!

Allgemein entsteht die $(n+1)$-te aus der n-ten Näherung durch

$$x_{n+1} = \frac{28 + x_n^2}{2x_n}.$$

Ebenso kann man verfahren, wenn man die Quadratwurzel aus irgendeiner positiven Zahl a zu ziehen hat:[1]

$$(1) \qquad x_{n+1} = \frac{a + x_n^2}{2x_n}.$$

An dieser Stelle liegt es nahe zu fragen: *Funktioniert die Methode der Babylonier immer?* Genauer: Kommt die durch (1) definierte Folge der Näherungen x_n der Zahl $\sqrt{a}$ mit wachsendem n beliebig nahe, und was heißt das genau?

Mit Hilfe elementarer Abschätzungen lässt sich zeigen[2], dass die Beträge der Fehler

$$r_n = \sqrt{a} - x_n$$

bei jedem Schritt mindestens halbiert werden:

$$(2) \qquad |r_{n+1}| < |r_2| \frac{1}{2^{n-1}}.\,^{[3]}$$

Ist nun $\sqrt{a}$ bis auf, sagen wir, 5 Dezimalen genau zu berechnen, so entspricht dies einer vorgegebenen Fehlerschranke von 10^{-5}. Wegen (2) genügt es, einen Index n_0 so zu finden, dass

$$|r_2| \cdot \frac{1}{2^{n_0-1}} < 10^{-5},$$

d.h.

$$2^{n_0-1} > |r_2| \cdot 10^5$$

ist.

---

[1] Die Umformung $x_{n+1} = \frac{1}{2}\left(x_n + \frac{a}{x_n}\right)$ zeigt, dass man es mit der als „Heron-Verfahren" bekannten Iteration zu tun hat.

[2] Für Details siehe etwa Danckwerts/Vogel 1991, S. 189 f.

[3] Die Abschätzung (2) ist für jeden empirisch erfahrbar in der schrittweisen Verdoppelung der Anzahl gültiger Dezimalen. Genau diese Erfahrung öffnet den Blick für die abstrakte Grenzwertdefinition.

(Dafür genügt es allemal, n_0 größer als $2 \cdot |r_2| \cdot 10^5$ zu wählen.[1]) Dann ist auch für alle nachfolgenden Indizes $n > n_0$ gesichert, dass

$$|r_2| \cdot \frac{1}{2^{n-1}} < 10^{-5}$$

ist und für alle diese n auch

$$|r_{n+1}| < 10^{-5} \text{, d.h.}$$

$$\left| \sqrt{a} - x_{n+1} \right| < 10^{-5}$$

gilt.

Auf diese Weise findet man aber zu *jeder* vorgegebenen Fehlertoleranz eine (von ihr abhängige) Nummer n_0, von der ab die x_n innerhalb des vorgeschriebenen Toleranzintervalls um $\sqrt{a}$ liegen.

Genau diese Vorstellung liegt der allgemeinen *Definition des Grenzwertes* einer Folge zugrunde:

Eine Folge (x_n) heißt konvergent gegen x, wenn es zu jeder Toleranz $\varepsilon > 0$ eine Nummer n_0 gibt, so dass für alle $n \geq n_0$

$$|x_n - x| < \varepsilon$$

ist. x heißt dann Grenzwert der Folge (x_n) und man schreibt

$$x = \lim_{n \to \infty} x_n.$$

(Dass man die vorgegebene Toleranz ausgerechnet mit dem griechischen Buchstaben ε bezeichnet, hat historische Gründe und ist für jeden Mathematiker eine liebgewordene Gewohnheit.)

---

[1] Die Existenz einer solchen natürlichen Zahl n_0 sichert gerade das Archimedische Axiom, nach dem es zu jeder reellen Zahl eine sie übertreffende natürliche Zahl gibt. Das Archimedische Axiom besagt genau, dass $\left(\frac{1}{n}\right)_{n \in \mathbb{N}}$ eine Nullfolge ist. Dass die Nullfolgeneigenschaft von $\frac{1}{n}$ in diesem Axiom aufgehoben ist, wird man im Unterricht nicht zum Thema machen; davon unberührt ist der legitime Anspruch plausibel werden zu lassen, dass $\frac{1}{n}$ mit wachsendem n beliebig klein wird.

Blicken wir zurück: Bei iterativ gegebenen Prozessen[1] wird schrittweise immer dieselbe (Rechen-)Vorschrift durchlaufen, und es entsteht dabei eine durch die Schrittzahl indizierte (Zahlen-)Folge:

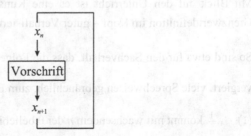

Dabei kommt man zwangsläufig mit dem Phänomen der „Stabilisierung" der Iterierten in Berührung[2], zu dessen Präzisierung durch den *Konvergenzbegriff* es dann nur noch ein kleiner Schritt ist. Im numerischen Kontext eines geeigneten Werkzeugs (Taschenrechner oder Tabellenkalkulationsprogramm) ist die begriffliche Fassung bis ins Detail vorgezeichnet: Der (etwa durch die Anzahl gültiger Dezimalen) vorgegebenen Fehlerschranke entspricht das $\varepsilon > 0$, dem Abbruch der Iteration jene „Hausnummer" n_0, von der ab die n-te Iterierte vom Grenzwert um weniger als ε abweicht. *In diesem handlungsnahen Kontext wird die Abstraktheit der üblichen Grenzwertdefinition für Zahlenfolgen ein Stück weit aufgehoben.* Darüber hinaus vermittelt er erste Erfahrungen mit dem Phänomen der Konvergenzgeschwindigkeit.

Die abstrakte Grenzwertdefinition („Zu jedem $\varepsilon > 0$ gibt es ein n_0, so dass ...") hebt jedoch die Schwierigkeiten beim Verstehen dessen, was ein Grenzwert ist, nicht auf. Im Gegenteil: Die Definition umgeht diese Probleme geradezu, indem sie eine Operationalisierung bereitstellt und damit den Grenzwertbegriff *handhabbar* macht. Wir beleuchten diesen schwierigen Punkt im nächsten Abschnitt durch eine didaktisch orientierte Sachanalyse der auch unterrichtlich höchst bedeutsamen Frage, warum $0,\overline{9}$ gleich 1 ist.

---

[1] Die Idee der Iteration kann man in ihrer Bedeutung für die Mathematik kaum überschätzen (siehe hierzu etwa Kac/Ulam 1971).

[2] Mit Hilfe eines Tabellenkalkulationsprogramms lässt sich dieses Phänomen gut beobachten.

Gute und weniger gute Verbalisierungen ...

Mit Blick auf den Unterricht ist es eine Kunst, sich – mit der formalen Grenzwertdefinition im Kopf – guter Verbalisierungen bedienen zu können.

So sind etwa für den Sachverhalt, dass die Folge $\left(\dfrac{1}{n}\right)$ gegen die Zahl 0 konvergiert, viele Sprechweisen gebräuchlich, zum Beispiel:

(1) „$\dfrac{1}{n}$ kommt mit wachsendem n der 0 beliebig nahe."

(2) „$\dfrac{1}{n}$ strebt gegen 0 für n gegen ∞."

(3) „$\dfrac{1}{n}$ kommt mit wachsendem n der 0 immer näher."

(4) „$\dfrac{1}{n}$ kommt der 0 immer näher, ohne sie jemals zu erreichen."

Die Sprechweisen (1) und (2) sind ohne Einschränkung geeignet, da sie den Gehalt der formalen Grenzwertdefinition sachgerecht abbilden.

Die Variante (3) ist bereits problematisch, da sie einen tragenden Aspekt der Grenzwertdefinition nicht enthält: $\dfrac{1}{n}$ kommt etwa auch der Zahl -1 immer näher! Entscheidend ist eben das „beliebig nahe" in (1). Hinzu kommt, dass die – in dieser Sprechweise unterschwellig unterstellte – Monotonie nicht zum Wesen der Konvergenz gehört.

In der Formulierung (4) – angewendet auf irgendeine konvergente Folge – ist die Grenze zur inhaltlichen Verfälschung dann deutlich überschritten: Auch konstante Folgen sind konvergent!

Generell kommt es im Analysisunterricht auf ein Gespür dafür an, wann bei einer (verbalen) Vereinfachung die kritische Grenze zur Verfälschung überschritten wird.

2.2 Eine Frage mit Tiefgang: Ist $0,\overline{9}=1$?

„Alleine schon vom Aussehen betrachtet sieht $0,\overline{9}$ kleiner als 1 aus."

„... aber um ehrlich zu sein, glaub' ich ja immer noch nicht, dass $0,\overline{9}$ = 1 ist.

Allein von der Vorstellung sind die unendlich vielen Neunen hinter dem Komma nicht zu fassen. Da es nun einmal kein Ende der Schlange gibt, fällt es mir schwer, $0,\overline{9}$ = 1 zu setzen."

„Es ist $0,\overline{9}$ < 1, solange man nicht den Grenzwert betrachtet, für $0,\overline{9}$ = 1 hat man gewissermaßen ‚gerundet'."

„Man kann nicht belegen, was im unendlichen Bereich passiert."

Anmerkungen von Lehramtsstudierenden im Fach Mathematik für die Sekundarstufe I

Der Widerstand des gesunden Menschenverstandes –
oder: die Position des ursprünglichen Verstehens

Ob bei Schülern oder bei angehenden Mathematiklehrern, die Skepsis liegt tief und scheint begründet:

$0,\overline{9}$ = 0,999... kann unmöglich dasselbe sein wie die Zahl 1, schließlich fehlt immer noch etwas, auch wenn ich noch so viele Neunen berücksichtige. Der Unterschied mag immer kleiner werden, je mehr Stellen ich zulasse, aber letztlich wird 0,999... nie gleich 1.

Der schnelle Griff in die Fertigprodukte –
oder: die Gewohnheit des disziplinären Denkens

$$0,\overline{9} = 0,999... = 0,9 + 0,09 + 0,009 + ...$$

ist eine unendliche geometrische Reihe. Dafür gilt die Summenformel

$$a + aq + aq^2 + ... = \frac{a}{1 - q} \quad (0 < q < 1).$$

Im Beispiel ist also

$$0,\overline{9} = 0,9 + 0,09 + 0,009 + \ldots = \frac{0,9}{1 - 0,1} = \frac{0,9}{0,9} = 1.$$

Fertig.[1]

Der Brückenschlag zwischen beiden Welten –
oder: die mathematikdidaktische Perspektive

Der gesunde Menschenverstand ist intuitiv geleitet und hat den *Prozess* der Entstehung des Objekts $0,\overline{9}$ als Folge der Teilsummen im Blick

$$
\begin{aligned}
0,9 \quad &= 0,9 \\
0,99 \quad &= 0,9 + 0,09 \\
0,999 \quad &= 0,9 + 0,09 + 0,009 \\
&\ldots,
\end{aligned}
$$

während die Theorie die Frage nach dem (End-) *Produkt* dieses Prozesses beantwortet: Die Antwort ist der Grenzwert der Teilsummenfolge.[2]

Im Spannungsverhältnis von produkt- und prozessorientierter Sicht liegt das Problem des Verstehens infinitesimaler Sachverhalte. Hier müssen die Bemühungen einer (verstehensorientierten) inhaltlichen Auseinandersetzung ansetzen. In unserem Beispiel (und weit darüber hinaus) kann dies wie folgt gelingen. Dabei wird das – auch vom gesunden Menschenverstand anerkannte – *hypothetische Denken* zum schlagkräftigen Instrument:

Welche Konsequenzen hat es, wenn du an der Weigerung, dass $0,\overline{9} = 1$ ist, festhältst?

Du bestehst also darauf, dass $0,\overline{9}$ echt kleiner ist als 1.

Zwischen den Objekten $0,\overline{9}$ (verstanden als 0,999... mit Neunen ohne Ende) und 1 als Punkte auf der Zahlengeraden liegt also ein (positiver) Abstand:

---

[1] Die voreilige Bereitschaft, sich damit zufrieden zu geben, wird u. a. von Richman 1999 kritisiert.

[2] In der Theorie der unendlichen Reihen hat das Symbol $\sum\limits_{k=1}^{\infty} a_k$ genau diesen Doppelcharakter: Es bezeichnet die Reihe als Folge ihrer Partialsummen und – falls diese konvergiert – zugleich ihren Grenzwert.

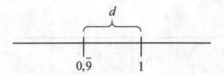

Jedes endliche Stück von $0,\bar{9}$ (Abbruch nach n Stellen) ist kleiner als $0,\bar{9}$ (es fehlen ja jede Menge Neunen) und liegt damit links von $0,\bar{9}$:

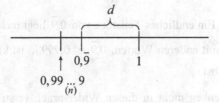

Der Abstand zwischen $0,99\underset{(n)}{...}9$ und 1 ist

$$1-0,99\underset{(n)}{...}9 = 0,00\underset{(n)}{...}1 = \frac{1}{10^n}$$

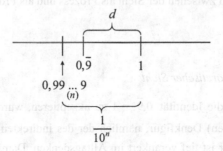

Mit wachsendem n wird $\frac{1}{10^n}$ immer kleiner und unterschreitet dann auch den Abstand d (Genauer: Es gibt sicher ein $n \in \mathbb{N}$ mit $\frac{1}{10^n} < d$; man muss ja n nur so groß wählen, dass $n > \frac{1}{d}$ ist, dann ist auch $\frac{1}{10^n} < \frac{1}{n} < d$ [1]). „Dynamisiert" man also das letzte Bild für wachsendes n, so wird irgendwann dieser Zustand erreicht:

---

[1] Hier geht das Archimedische Axiom ein.

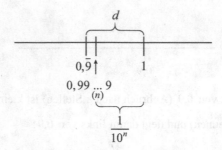

Jetzt wird es absurd: Ein endliches Teilstück von $0,\overline{9}$ liegt rechts von $0,\overline{9}$, ist also größer als $0,\overline{9}$ oder mit anderen Worten, $0,\overline{9} = 0,999\dots$ ist kleiner als ein endliches Stück seiner selbst.

Damit sich unser Denken nicht in diesen Widerspruch verstrickt, bleibt nur ein Schluss: Wir müssen die Hypothese, dass $0,\overline{9}$ und 1 *verschiedene* Punkte auf der Zahlengeraden besetzen, also verschiedene Zahlobjekte sind, aufgeben. Wir haben keine Wahl: $0,\overline{9}$ und 1 müssen identifiziert werden, sie sind verschiedene Namen für dasselbe Zahlobjekt. Die sehr unterschiedliche Bezeichnung korrespondiert mit dem Unterschied zwischen der Sicht als Prozess und als Produkt.

Rückblick

... aus erkenntnistheoretischer Sicht

Die Schwierigkeit, die Identität $0,\overline{9} = 1$ zu akzeptieren, wurde angegangen mit Hilfe einer (logischen) Denkfigur, nämlich der des indirekten Schließens. Diese Argumentationsfigur ist tief verankert im Alltagsdenken. Damit ist – ähnlich wie in der griechischen Mathematik – das Problem der Unendlichkeit umschifft worden.[1] Die diesem Kunstgriff eigene Rationalität kann (und soll!) die psychologischen Widerstände nicht auflösen. Im Gegenteil: Nur so kann die Leistungsfähigkeit des Arguments gewürdigt werden.

---

[1] Vgl. hierzu Gowers 2002, S. 60. – Andere Wege sind denkbar, vergleiche etwa den der Non-Standardanalysis.

... aus mathematischer Sicht

Der skizzierte Brückenschlag zwischen der intuitiven Welt des gesunden Menschenverstandes und der disziplinären Welt der Analysis markiert den Kern der ‚Epsilontik'. Sie war historisch der erfolgreiche Versuch, den Umgang mit dem unendlich Kleinen operativ zu fassen (Nullfolge sein bedeutet dann: Zu jeder (noch so kleinen) ‚Toleranz' $\varepsilon > 0$ gibt es eine ‚Hausnummer' $n_0 \in \mathbb{N}$, so dass für alle nachfolgenden Folgenglieder der Abstand zur Null innerhalb dieser Toleranz bleibt).

Die oben gewählte Argumentationslinie folgte dieser operativen Sicht:

Zu der nach Annahme positiven Zahl $d := 1 - 0,\overline{9}$ gibt es, da $\left(\dfrac{1}{10^n}\right)$ eine Nullfolge ist, ein $n \in \mathbb{N}$ mit

$$\frac{1}{10^n} < d,$$

woraus wegen

$$1 - 0,\underset{(n)}{99...9} = \frac{1}{10^n} < d = 1 - 0,\overline{9}$$

die unsinnige Aussage

$$0,\overline{9} < 0,\underset{(n)}{99...9}$$

folgte.

Der Beweis für die Konvergenz und die Formel der geometrischen Reihe lässt sich in diesem Geiste akzentuieren:

Für die *n*-te Partialsumme der geometrischen Reihe $a + aq + aq^2 + ...$ gilt die Identität

$$a + aq + aq^2 + ... + aq^{n-1} = a\frac{1 - q^n}{1 - q}$$

$$= \frac{a}{1 - q} - \frac{a}{1 - q}q^n$$

oder

$$\frac{a}{1-q} - \left(a + aq + aq^2 + \ldots + aq^{n-1}\right) = \text{const.} \cdot q^n.$$

Also unterscheidet sich die n-te Partialsumme von der Zahl $\frac{a}{1-q}$ nur durch eine Nullfolge (für $0 < q < 1$), die über die obige operative Definition mathematisch beherrschbar ist[1].

... aus mathematikdidaktischer Sicht

Brüche zwischen innermathematischer Klärung und ursprünglichem Verstehen sind unvermeidlich und geradezu charakteristisch für einen sinnstiftenden Umgang mit Mathematik.[2] Die Grundbegriffe infinitesimaler Mathematik (im Beispiel der Grenzwertbegriff) sind Paradebeispiele für dieses Spannungsfeld. Sie zeigen zugleich, dass sich gehaltvolle (und daher bildende) Mathematik im Allgemeinen nicht als *bloße* Verstärkung des Alltagsdenkens verstehen lässt.[3] Vielmehr kommt es darauf an, die Naht- und Bruchstellen zwischen intuitiver Vorerfahrung und theoretischer Begriffsbildung bewusst zu thematisieren und als kognitive Konflikte geeignet zu inszenieren.

Am Beispiel des Grenzwertbegriffs der klassischen Analysis lässt sich gut nachzeichnen, welche Bedeutung die Komplementarität der Produkt-Prozess-Perspektive für das Verstehen hat. Die Dualität ist Teil eines didaktisch sensiblen Verständnisses von Mathematik und für angehende Mathematiklehrerinnen und -lehrer zentral.[4]

---

[1] Dass (q^n) für $0 < q < 1$ eine Nullfolge ist, lässt sich leicht auf die Nullfolgeneigenschaft von $\left(\frac{1}{n}\right)$ (und damit auf das Archimedische Axiom) zurückführen: Für $0 < q < 1$ ist $\frac{1}{q} > 1$, also $\frac{1}{q} = 1 + \alpha$ mit $\alpha > 0$, und daher gilt mit der Bernoullischen Ungleichung:

$$\left(\frac{1}{q}\right)^n = (1+\alpha)^n > 1 + \alpha n > \alpha n.$$ Folglich ist $q^n < \text{const} \cdot \frac{1}{n}$.

[2] Vgl. Freudenthal 1986.

[3] Lernen heißt eben auch Abschiednehmen von Gewohntem.

[4] Vgl. hierzu die prinzipiellen Anmerkungen in Borneleit/Danckwerts/Henn/Weigand 2001.

2.3 Vollständigkeit und die Folgen

Für den Analysisunterricht ist es vernünftig und gerechtfertigt, im Umgang mit den reellen Zahlen weder einen axiomatischen noch einen konstruktiven[1], sondern eher einen *phänomenologischen* Standpunkt einzunehmen:

Man betrachtet die reellen Zahlen durch die Gesamtheit aller Punkte auf der Zahlengeraden in natürlicher Weise als gegeben.

Hans Freudenthal, einer der einflussreichsten Mathematikdidaktiker des 20. Jahrhunderts, stützt diese Position, wenn er mit Blick auf den Mathematikunterricht anmerkt:

> „Man betrachte die reellen Zahlen als etwas Gegebenes, auf der Zahlengeraden ... . Man analysiere die Zahlengerade mittels unendlicher Dezimalbrüche. Man fordere oder deduziere aus den unendlichen Dezimalbrüchen topologische Eigenschaften der reellen Zahlen, sobald man sie wirklich verwendet ... . Daß man sie (die reellen Zahlen) auch als Cauchyfolge oder als Dedekindscher Schnitt definieren kann, ist ein theoretischer Luxus."[2]

Dieser Standpunkt folgt der Überzeugung, dass ein elementarer Umgang mit den reellen Zahlen sich zweckmäßig an einer intuitiven Grundvorstellung orientiert, hier an der geometrischen Vorstellung von der lückenlosen Zahlengeraden.

2.3.1 Von $\mathbb{Q}$ nach $\mathbb{R}$

Der Übergang von der mit den rationalen Punkten *dicht*, aber noch lückenhaft besetzten Zahlengeraden zur *lückenlosen* reellen Zahlengeraden ist eine erkenntnistheoretische Herausforderung und eine echte Hürde für das inhaltlich-anschauliche Verstehen:

---

[1] Hierbei werden die reellen Zahlen schrittweise aus den natürlichen über die ganzen und rationalen Zahlen konstruiert.

[2] Zitiert nach Knoche/Wippermann 1986, S. 29.

34

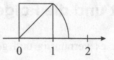

An der Stelle $\sqrt{2}$ ist eine Lücke in der dicht besetzten rationalen Zahlengeraden.

Ähnlich inspirierend kann dieses Bild sein:

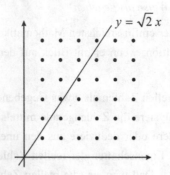

Die Gerade $y = \sqrt{2} \cdot x$ trifft keinen der Gitterpunkte
mit ganzzahligen (positiven) Koordinaten. (Warum?)

Es darf eben nicht verkannt werden, dass der Begriff der reellen Zahl eine höchst theoretische Angelegenheit ist. Wir zitieren hierzu den Mathematikdidaktiker Arnold Kirsch[1]:

> „Die Einführung der reellen Zahlen lässt sich *nicht aus praktischen Meßaufgaben* rechtfertigen. In realen Situationen, insbesondere bei Messungen, treten irrationale Zahlen niemals direkt auf. Die Entscheidung, ob eine Maßzahl oder eine Gleichungslösung rational ist oder nicht, kann nicht experimentell-empirisch erfolgen, auch *nicht durch Ausrechnen mittels Computer*, sondern nur mittels theoretischer Argumentation. Der Übergang von den rationalen zu den reellen Zahlen ist eine *aus theoretischen Gründen* zweckmäßige Erweiterung des Zahlbereichs. Durch sie wird gesichert, daß für gewisse geometrische und algebraische Probleme (wie etwa die Bestimmung der Diagonalenlänge eines Quadrats oder des

---

[1] Vgl. Kirsch 1987, S. 90.

Kreisumfangs) *anschaulich vorhandene Lösungen auch in der Theorie als wohlbestimmte Objekte existieren. "*

Der theoretische Charakter der reellen Zahl ist mitverantwortlich dafür, dass die Fundierung dieses Begriffs erst spät gelang. Noch in der Blütezeit der klassischen Analysis im 17. und 18. Jahrhundert ist man recht sorglos mit reellen Zahlen umgegangen. Erst im 19. Jahrhundert hat die theoretische Grundlegung richtig begonnen, vor allem durch die konstruktiven Zugänge von Dedekind und Cantor sowie durch die Axiomatisierung von Hilbert am Ende des Jahrhunderts.

Der lange Weg von der Entdeckung der Irrationalität durch die Griechen bis hin zur Durchsetzung des axiomatischen Standpunkts in der Fundierung der reellen Zahlen im 20. Jahrhundert lässt nicht erwarten, dem theoretischen Gehalt des Begriffs der reellen Zahl im Unterricht gerecht werden zu können. Vielmehr wird es darauf ankommen, auf phänomenologischer Basis für die notwendige Erweiterung der rationalen Zahlen zu werben. Den Kern bildet die Einsicht, dass die rationalen Zahlen für eine arithmetische Beschreibung der Geometrie nicht ausreichen. Zur ersten Begegnung mit dieser Tatsache ist die angesprochene Frage nach der Länge der Diagonalen im Einheitsquadrat ebenso geeignet wie die Entdeckung inkommensurabler Streckenpaare im Pentagramm.[1]

Inkommensurabilität

Ein Paradebeispiel für die Entdeckung nichtkommensurabler Streckenpaare ist der Klassiker aus der antiken Mathematik:

Es gibt kein gemeinsames Maß für die Diagonale und Seite des regelmäßigen Fünfecks.[2]

Wir bedienen uns der Methode der fortgesetzten Wechselwegnahme (Euklidischer Algorithmus):

---

[1] Vgl. hierzu den nachfolgenden Kasten.

[2] Das heißt: Es gibt keine „Einheitsstrecke", mit der gleichzeitig die Diagonale *und* die Seite ganzzahlig ausgemessen werden kann.

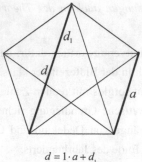 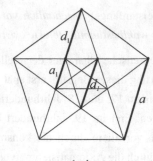

$$d = 1 \cdot a + d_1 \qquad\qquad\qquad a = 1 \cdot d_1 + a_1$$

$$d = 1 \cdot a + d_1$$
$$a = 1 \cdot d_1 + a_1$$

und weiter (im inneren Fünfeck)   und genauso

$$d_1 = 1 \cdot a_1 + d_2 \qquad\qquad d_2 = \dots$$
$$a_1 = 1 \cdot d_2 + a_2 \qquad\qquad a_2 = \dots$$

Der Algorithmus bricht nicht ab, da durch den Übergang zum nächstkleineren Fünfeck immer ein neues, nur verkleinertes Paar (d_n, a_n) entsteht.

Wäre nun e ein gemeinsames Maß für d und a, so müsste es auch d_1 und damit a_1 messen und wäre schließlich ein gemeinsames Maß für jedes Paar (d_n, a_n). Nun nehmen aber bei jedem Schritt die betreffenden Längen um mehr als die Hälfte ab und werden damit irgendwann auch kleiner als e (Archimedisches Axiom!). Das ist ein Widerspruch!

Dieses Resultat hat das Weltbild der Pythagoreer („Alles ist Zahl") nachhaltig erschüttert. Das (irrationale) Seitenverhältnis $d : a$ ist die berühmte goldene Schnittzahl $\frac{\sqrt{5}+1}{2} = 1{,}618\dots$.[1]

---

[1] Vgl. hierzu etwa Wittmann 1987.

2.3.2 Intervallschachtelungen

Auf der Grundlage der geometrisch-anschaulichen Evidenz der Lückenlosigkeit der Zahlengeraden lassen sich *analytische* Fassungen der Vollständigkeit der reellen Zahlen formulieren. Die für die Schulmathematik mit Abstand brauchbarste Fassung der Vollständigkeitseigenschaft ist der

Intervallschachtelungssatz: Zu jeder Intervallschachtelung

$$a_1 \leq a_2 \leq a_3 \leq \dots \leq b_3 \leq b_2 \leq b_1$$

(mit reellen Intervallenden a_n, b_n und der Eigenschaft, dass die Intervalllängen $b_n - a_n$ beliebig klein werden) gibt es eine reelle Zahl x, die in allen Intervallen enthalten ist:

$$a_n \leq x \leq b_n \quad \text{für alle } n.$$

Die Eigenschaft, dass keine Intervallschachtelung auf der Zahlengeraden ‚ins Leere' trifft, präzisiert die Vorstellung von der Lückenlosigkeit. Dabei *greift der Intervallschachtelungssatz auf das Instrument der Folgen zurück* und wird zum konstruktiven Werkzeug für die (approximative) Berechnung „neuer" reeller Zahlen. Diesen für die Schulmathematik bedeutsamen Vorzug hat etwa das in der Hochschulmathematik favorisierte Supremumsaxiom[1] nicht.

In der Tat werden in der Mittelstufe vielfach Intervallschachtelungen zur Umfangs-, Flächen- und Volumenberechnung herangezogen (man denke etwa an die Kreismessung). Die gesuchte Maßzahl ist dann das Zentrum einer geeigneten Intervallschachtelung und berechenbar als Grenzwert einer Zahlenfolge (von Intervallenden).

---

[1] Es besagt, dass jede nichtleere, nach oben beschränkte Menge reeller Zahlen eine kleinste obere Schranke besitzt. Dieses Axiom zur Charakterisierung der Vollständigkeit von $\mathbb{R}$ ist äquivalent zum Paket aus Intervallschachtelungssatz und Archimedischem Axiom. (Für einen elementaren Beweis siehe etwa Padberg/Danckwerts/Stein 1995, Kap. IV.2.) Um den Intervallschachtelungssatz in konkreten Fällen überhaupt anwenden zu können, bedarf es nämlich des Archimedischen Axioms: Wie sonst will man theoretisch absichern, dass die Intervalllängen eine Nullfolge bilden?

2.3.3 Keine „richtige" Analysis auf ℚ !

Wichtige Teile der Oberstufenanalysis leben davon, dass die Erweiterung von den rationalen zu den reellen Zahlen stattgefunden hat. Wir skizzieren an zwei zentralen globalen Sätzen, warum die elementare Analysis auf die Vollständigkeit der reellen Zahlen angewiesen ist.

Erstes Beispiel: Der Zwischenwertsatz

Zwischenwertsatz: Wechselt eine in einem Intervall stetige Funktion ihr Vorzeichen, so hat sie dort wenigstens eine Nullstelle.

Genauer: Ist $f : [a, b] \to \mathbb{R}$ stetig und $f(a) < 0 < f(b)$, so gibt es wenigstens ein $x_0 \in [a, b]$ mit $f(x_0) = 0$.

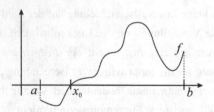

Die Aussage dieses anschaulich evidenten und auch auf ℚ formulierbaren Satzes wird falsch, wenn man sich nur innerhalb der rationalen Zahlen bewegt. Dazu genügt die Vorstellung von einer stetigen Funktion, deren Graph die x-Achse an einer irrationalen Stelle schneidet.

Beispiel: Für das Intervall $I := \left\{ x \in \mathbb{Q} \mid 1 \leq x \leq 2 \right\}$ der rationalen Zahlengeraden und die stetige Funktion $f : I \to \mathbb{Q}$ mit $f(x) = x^2 - 2$ ist $f(1) = -1 < 0$ und $f(2) = 2 > 0$, aber es gibt kein $x_0 \in I$ mit $f(x_0) = 0$. Ein solches $x_0 \in \mathbb{Q}$ müsste nämlich der Gleichung $x_0^2 - 2 = 0$ genügen, was wegen der Irrationalität von $\sqrt{2}$ unmöglich ist.

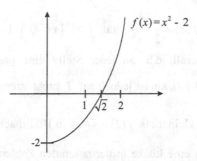

$f(x) = x^2 - 2$

Für die Gültigkeit des Zwischenwertsatzes ist es offenbar entscheidend, dass man mit *allen* reellen Zahlen arbeitet und damit die Lückenlosigkeit der Zahlengeraden zur Verfügung hat. So benutzt ein klassischer, schulnaher Beweis des Zwischenwertsatzes (als Satz der *reellen* Analysis) die Methode der fortgesetzten Intervallhalbierung und bedient sich dann der Vollständigkeit in der Fassung des Intervallschachtelungssatzes[1]. Dadurch werden die Folgen zu einem konstruktiven Beweisinstrument.

Zweites Beispiel: Das Monotoniekriterium

Die Kriterien der Kurvendiskussion im Analysisunterricht beruhen im Wesentlichen auf dem Zusammenspiel zwischen dem Vorzeichen der Ableitungs- und dem Monotonieverhalten der Ausgangsfunktion.[2] Grundlegend ist das

Monotoniekriterium: Eine auf einem Intervall differenzierbare Funktion mit überall positiver Ableitung ist dort streng monoton wachsend.

Wieder wird dieser wichtige und – wenn man die Ableitung als Tangentensteigung interpretiert – anschaulich so einleuchtende Satz falsch, falls man sich auf die Menge der rationalen Punkte auf der Zahlengeraden beschränkt. Auf $\mathbb{Q}$ ist das Monotoniekriterium also falsch. Dazu genügt die Vorstellung von einer Funktion, deren Graph an einer irrationalen Stelle einen Pol mit Vorzeichenwechsel hat.

---

[1] Vgl. hierzu Danckwerts/Vogel 1991.

[2] Vgl. Kap. 5.2.

Beispiel: Die durch $f(x) = \dfrac{1}{2-x^2}$ auf $I := \{x \in \mathbb{Q} \mid 1 \le x \le 2\}$ definierte

Funktion hat dort überall, d.h. an jeder Stelle eine positive Ableitung (da

$f'(x) = \dfrac{2x}{(2-x^2)^2} > 0$ ist), sie ist jedoch auf I nicht streng monoton wachsend,

denn $f(1) = 1$ ist nicht kleiner als $f(2) = -\dfrac{1}{2}$. Ein Bild macht klar, wie die Dinge

hier liegen und warum eine Lücke in der rationalen Zahlengeraden hier so übel

hineinspielt:

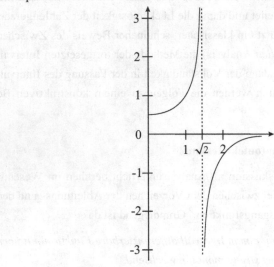

Wie im ersten Beispiel lässt sich auch beim Beweis des Monotoniekriteriums (als Satz der *reellen* Analysis) die Vollständigkeit in der Fassung des Intervallschachtelungssatzes ins Spiel bringen. Wieder werden die Folgen zu einem konstruktiven Beweisinstrument.[1]

Im Allgemeinen wird man die zentrale Rolle der Vollständigkeit der reellen Zahlen nicht im ersten Durchgang (und damit oft gar nicht) thematisieren. *Die entsprechenden Gegenbeispiele dienen dem Metawissen derer, die Analysis unterrichten.* Gleichwohl kann ein eher begrifflich und argumentativ orientierter Analysisunterricht schon bald in die Nähe der hier skizzierten Untiefen kommen.

---

[1] Näheres dazu etwa in Danckwerts/Vogel 1986b, S. 18-19.

2.4 Zusammenfassung

Die Praxis, zu Beginn eines Analysiskurses zunächst in die Folgen und Grenzwerte systematisch einzuführen, ist zunehmend fragwürdig geworden. Eine neue Perspektive wird gewonnen, wenn man die Folgen als natürliches Instrument zur Beschreibung iterativer Prozesse begreift. Dieser Sicht begegnet man etwa bei der diskreten Modellierung realer Wachstumsprozesse, und sie schließt die Entwicklung des Konvergenzbegriffs ein. (Dies alles war Gegenstand des ersten Abschnitts.)

Mit Blick auf unsere Grundpositionen (Kap. 1) halten wir fest:

1. Iterative Folgen eignen sich besonders, um die Forderung nach Anwendungsorientierung einzulösen (Grunderfahrung G1).
2. Als durchgängig wirksam (bis hin zum theoretischen Konvergenzbegriff) erwies sich die fundamentale Idee des Approximierens (Grunderfahrung G1 und G2).
3. Ein heuristischer Umgang mit Näherungen wurde ermöglicht, indem mit hinreichend kleinen Größen argumentativ operiert wurde (Grunderfahrung G3).

Insgesamt zeigte sich, dass das Thema Folgen zur Integration der drei Grunderfahrungen beitragen kann und damit weiterhin didaktisch legitimiert ist.

Wir weisen darauf hin, dass der Themenkreis (iterativ definierter) Folgen sich in natürlicher Weise für den Rechnereinsatz anbietet.[1] Dies berührt die numerische und graphische Potenz des Mediums in gleicher Weise.

Bei der Diskussion der alten Frage, ob $0,\overline{9}$ wirklich gleich 1 ist, wird man wie unter einem Brennglas mit dem didaktischen Problem konfrontiert, ob und wie Konvergenz verstanden werden kann. Man befindet sich im Spannungsfeld von prozess- und produktorientierter Sicht, das charakteristisch ist für den Umgang mit dem Unendlichen.[2] Wieder kommen die Folgen in natürlicher Weise ins Spiel (Abschnitt 2).

---

[1] Vgl. hierzu die vielseitigen Anregungen in Thies 2002.

[2] Die Prozess/Produkt-Dualität ist für das Lernen und Lehren von Mathematik generell von zentraler Bedeutung und wurde bereits im Kapitel 1 hervorgehoben. Siehe hierzu auch Tall 1981.

Die Vollständigkeit der reellen Zahlen steht im engen Zusammenhang mit den Folgen. Leitend für den Unterricht ist die Auffassung der reellen Zahlen als Gesamtheit *aller* Punkte auf der Zahlengeraden. Als schuladäquater Ausdruck ihrer Lückenlosigkeit erweist sich der Satz von der Intervallschachtelung. Diese Fassung der Vollständigkeit (in Verbindung mit dem Archimedischen Axiom) greift auf das Instrument der Folgen zurück und macht diese zu einem universellen und zugleich konstruktiven Berechnungs- und Beweisinstrument. Zum Schluss wird in diesem Abschnitt deutlich, warum man ohne Vollständigkeit keine „richtige" Analysis treiben kann. Erneut kommt die Rolle der Folgen als Beweisinstrument in den Blick (Abschnitt 3).

Mit der Thematisierung der Vollständigkeit der reellen Zahlen nähert man sich der theoretischen Fundierung der Analysis und befindet sich deutlich auf dem Boden der Grunderfahrung G2, zu der die lückenlos besetzte Zahlengerade als geistige Schöpfung gehört.

Fazit: Wer die Analysis verständlich unterrichten will, wird auf das Beschreibungsinstrument der Folgen und ihren Erklärungswert nicht verzichten wollen. Gerade deshalb wird man sie nicht isoliert, gleichsam auf Vorrat, unterrichten.

Eine abschließende Übersicht bildet den Argumentationszusammenhang dieses Kapitels ab:

Woher kamen die Folgen, was leisten sie und warum?

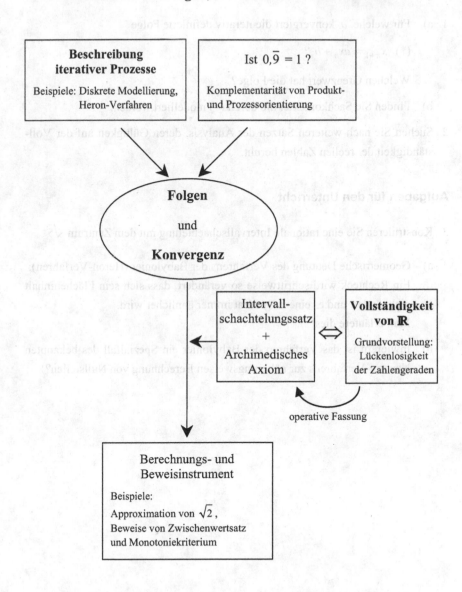

Aufgaben

1. a) Für welche a konvergiert die iterativ definierte Folge

   (*) $x_{n+1} = ax_n + b$?

   Welchen Grenzwert hat die Folge?

   b) Finden Sie Sachkontexte, die durch (*) modelliert werden.

2. Suchen Sie nach weiteren Sätzen der Analysis, deren Gültigkeit auf der Vollständigkeit der reellen Zahlen beruht.

Aufgaben für den Unterricht

3. Konstruieren Sie eine rationale Intervallschachtelung mit dem Zentrum $\sqrt{5}$.

4. a) Geometrische Deutung des Verfahrens der Babylonier (Heron-Verfahren):
   Ein Rechteck wird schrittweise so verändert, dass sich sein Flächeninhalt nicht ändert und es einem Quadrat immer ähnlicher wird.
   Man erläutere dies!

   b) Inwiefern ist das Verfahren der Babylonier ein Spezialfall des bekannten Newton-Verfahrens zur näherungsweisen Berechnung von Nullstellen?

3 Der Ableitungsbegriff

Auf die Frage, was den Begriff der Ableitung ausmacht, sollte der Analysisunterricht eine befriedigende Antwort geben. Dies ist ein schwieriger Auftrag, zumal der schulklassische Zugang über das *Tangentenproblem* bei näherem Hinsehen voller Fallen ist (Abschnitt 1).

Als tragfähig erweist sich das Grundverständnis der Ableitung als *lokale Änderungsrate* (Abschnitt 2). Es betont die Nähe zu den Anwendungen (Grunderfahrung G1).

Der aus guten Gründen im Unterricht eher zurücktretende Aspekt der *lokalen Linearisierung* eröffnet eine vertiefte innermathematische Perspektive (Grunderfahrung G2) und wirft zugleich ein neues Licht auf das Tangentenproblem (Abschnitt 3).

3.1 Ein Blick in die Praxis

3.1.1 Schwierigkeiten mit einem klassischen Zugang

Ein verbreiteter Zugang zum Ableitungsbegriff nimmt das Steigungsproblem in den Blick und durchläuft die folgenden Schritte:

1. Schritt: Definition der Steigung einer Kurve in einem Punkt über die Tangente.

2. Schritt: Die Tangente als Grenzlage von Sekanten.

3. Schritt: Berechnung der Tangentensteigung als Grenzwert.

Wir beleuchten jeden Schritt, um auf zentrale Verständnisschwierigkeiten aufmerksam zu machen:

Zum ersten Schritt

Ausgehend von der Beobachtung, dass sich die Steigung einer Kurve im Allgemeinen von Punkt zu Punkt ändert, wird gefragt, was man unter dem punktuellen Anstieg zu verstehen hat.

46

Die Steigung einer Kurve in einem Punkt wird definiert durch die Steigung der Tangente in diesem Punkt.

Auf diese Weise wird das (allgemeine) Steigungsproblem auf den vertrauten Begriff der Steigung bei Geraden zurückgespielt. Die Gefahr ist, dass bei diesem Definitionsversuch die entscheidende Frage an den Rand gerät: *Was ist eine Tangente?* Die Tangente dann – wie es üblich ist – als eine Gerade zu erklären, die sich der Kurve lokal um den Berührpunkt anschmiegt, geht weit über die bis dahin vom Schüler erworbene Grundvorstellung von einer Tangente hinaus. Diese ist geprägt vom Kreis, bei dem die Tangente diejenige Gerade ist, die mit der Kurve genau einen Punkt gemeinsam hat und sie auch nicht durchdringt. Während der Schüler diesen *geometrischen* Begriff der Tangente im Kopf hat, zielt der wissende Lehrer mit seiner Schmieg-Definition auf einen im Kern *analytischen* Tangentenbegriff. *Und diese Differenz der mitgedachten Erfahrungsbereiche führt unweigerlich zu Friktionen.*[1] Der vom Kreis her kommende geometrische Tangentenbegriff trägt durchaus ein Stück weiter, wie das Beispiel der Normalparabel zeigt (allgemeiner: Tangente als Stützgerade bei konvexen Funktionen), aber er ist letztlich eine Sackgasse. Der für die Klärung der Kurvensteigung benötigte analytische Tangentenbegriff ist eben *lokaler* Natur. Dieser Paradigmenwechsel von der globalen zur lokalen Sicht macht die Hauptschwierigkeit des ersten Schritts aus.

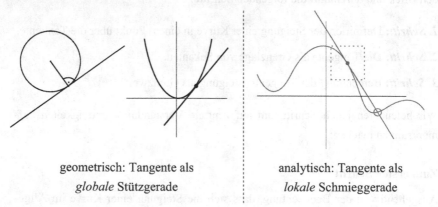

geometrisch: Tangente als
globale Stützgerade

analytisch: Tangente als
lokale Schmieggerade

Grundvorstellungen zur Tangente

---

[1] Man denke etwa an die kubische Normalparabel im Nullpunkt.

Zum zweiten Schritt

Hier wird die *Berechnung* der Tangentensteigung vorbereitet durch eine neue Idee, nämlich die Tangente in einem Punkt als Grenzlage benachbarter Sekanten aufzufassen:

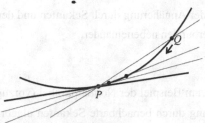

Zunächst ist festzuhalten, dass diese für das Folgende entscheidende Idee *nicht* an die Definition der Tangente aus dem ersten Schritt anknüpft. Denn die Schmieg-Definition zielt auf die *Güte* der Näherung durch eine Gerade (Tangente als bestapproximierende Gerade), während die Idee der Annäherung durch Sekanten zunächst nichts mit der Frage der Bestapproximation zu tun hat.

Die Vorstellung von der Annäherung der Tangente durch benachbarte Sekanten wird damit zu einer eigenständigen, gleichsam vom Himmel fallenden genialen Idee. So entsteht ein Bruch in der Gedankenführung.

Hinzu kommt, dass dieser Idee erkenntnistheoretisch eine spezifische Schwierigkeit innewohnt: Schaut man statt auf die Sekanten nur auf die Sehnen *PQ*,

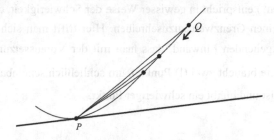

so ziehen sich die Sehnen schließlich auf einen Punkt (nämlich *P*) zusammen; die Grenzlage ist dann nicht einmal eine Strecke, geschweige denn die Tangente.

Genau dieses Phänomen wird in der Literatur beschrieben[1]. (Typische Schüler-
antwort: „die Sehnen werden kürzer", „die Sehnen ziehen sich auf einen Punkt
zusammen", „die Fläche wird kleiner" – gemeint ist die Fläche zwischen Sehne
und Bogen.)

Fazit: Das Verfahren der Annäherung durch Sekanten und der intendierte Tangentenbegriff stehen unverbunden nebeneinander.

Zum dritten Schritt

Hier wird gewöhnlich am Beispiel der Normalparabel (vorzugsweise an der Stelle
$x_0 = 1$) die Annäherung durch benachbarte Sekanten algebraisch modelliert und
der Grenzwert (in der Regel auf der Basis eines intuitiven Grenzwertbegriffs) berechnet.

Die klassische Verständnisschwierigkeit besteht hier darin, dass in der Sekantensteigung

$$\frac{f(x) - f(x_0)}{x - x_0} \quad \text{(im Beispiel } \frac{x^2 - 1}{x - 1} \text{)}$$

Zähler und Nenner für $x \to x_0$ gegen null streben, der Quotient aber dennoch einen wohldefinierten Grenzwert hat (hier die Zahl 2 als Grenzwert des gekürzten
Terms $x + 1$).

Die im zweiten Schritt skizzierte Fehldeutung („die Sehnen ziehen sich auf einen
Punkt zusammen") entspricht in gewisser Weise der Schwierigkeit, dem Differenzenquotienten einen Grenzwert zuzuschreiben. Hier trifft man sich mit dem auf
Barrow[2] zurückgehenden Einwand, dass man mit der Voraussetzung $x \neq x_0$ beginnt (die Sekante braucht zwei (!) Punkte), um schließlich scheinbar doch $x = x_0$
zu setzen. Dies ist und bleibt ein schwieriger Punkt.

---

[1] Orton 1977

[2] Isaac Barrow (1630 – 1677) war der akademische Lehrer Newtons.

Zudem stützt sich das Verfahren auf ein (zumindest intuitives) Vorverständnis des Grenzwertbegriffs, auf das in der Regel nicht zurückgegriffen werden kann.[1] Die Lage wird noch dadurch verschärft, dass mit „Grenzwertbildung" eher der Prozess der Annäherung als das idealisierte Endprodukt dieses Prozesses (Grenzwert als Zahl) gemeint ist.[2] Damit aber der dritte Schritt zur Problemlösung beitragen kann, ist die „Produktvorstellung" unverzichtbar.

Unabhängig von den erkenntnistheoretischen Schwierigkeiten ist auf ein unausweichliches Problem hinzuweisen: Sobald die Schüler den Term für die Sekantensteigung in der Hand haben, ist ihre ganze Aufmerksamkeit auf die notwendigen Termumformungen, d.h. auf die Algebra gerichtet. Der inhaltliche und begriffliche Kontext ist dann verschwunden.[3]

Zusammenfassung

Blicken wir zurück:

Mit dem ersten (definitorischen) Schritt war ein nicht trivialer Paradigmenwechsel vom geometrischen zum analytischen Tangentenbegriff verbunden.

Der zweite Schritt bereitete die Berechnung der Tangentensteigung vor mit der Idee, die Tangente als Grenzlage von Sekanten aufzufassen. Diese Vorstellung liegt quer zu der im ersten Schritt gegebenen Schmieg-Definition der Tangente.

Der dritte Schritt war das Verfahren zur Berechnung der Tangentensteigung als Grenzwert. Mit der Bildung des Grenzwerts von Sekantensteigungen sind sub-

---

[1] Hierher gehört die Frage nach angemessenen Verbalisierungen: Während etwa der Satz „Die Sekantensteigung kommt der Zahl 2 beliebig nahe, wenn x gegen $x_0 = 1$ strebt" den Sachverhalt nicht verfälscht, ist die Formulierung „...kommt der Zahl 2 immer näher, ..." oder mehr noch: „... ohne sie je zu erreichen" problematisch. Vgl. hierzu den Kasten am Ende von Abschnitt 2.1.2.

[2] Hierzu gehört die aufschlussreiche Formulierung „die Folge strebt gegen den Grenzwert ..., ohne ihn je zu erreichen".

[3] Schüler fragen etwa, warum es problematisch sein soll, in den Term $\frac{x^2 - 1}{x - 1}$ für die Sekantensteigung nach Kürzen zu $x + 1$ für x den Wert 1 einzusetzen. – Die Normalparabel ist im Übrigen ein Beispiel dafür, dass man mit der ursprünglichen geometrischen Vorstellung der Tangente als Stützgerade rein algebraisch zur Lösung kommt: Damit die Gerade $y = mx + b$ mit der Parabel $y = x^2$ genau einen Punkt gemeinsam hat, muss die Schnittbedingung $x^2 = mx + b$ die einzige Lösung $x = 1$ haben. Da die Diskriminante der quadratischen Gleichung $x^2 - mx - b = 0$ dann verschwindet, liest man unmittelbar ab: $\frac{m}{2} = 1$, also ist die Tangentensteigung $m = 2$.

stanzielle erkenntnistheoretische Schwierigkeiten verbunden, die durch die Algebraisierung des Verfahrens eher verdeckt werden.

Angesichts dieser Analyse ist zu fragen, warum der Zugang zum Ableitungsbegriff über das Tangentenproblem nach wie vor zu den bevorzugten Wegen gehört. Verständlich wird es, wenn man bedenkt, dass der beschriebene Weg eine lange Tradition mit Wurzeln in der Geschichte der Mathematik hat und jedem Lehrer aus seiner eigenen Schulzeit vertraut ist. Dennoch ist festzuhalten, dass diesen Weg eine Häufung von Schwierigkeiten kennzeichnet, die durch methodische Maßnahmen vielleicht verringerbar, aber *prinzipiell nicht aufhebbar* sind. Es ist die subtile Vermischung geometrischer, analytischer und algebraischer Argumente und Sichtweisen, die hier zum Problem wird. In jedem Fall muss eine Erweiterung der Grundvorstellung vom Tangentenbegriff vorgenommen werden.

3.1.2   Konstruktiver Ausblick

Die Analyse der Schwierigkeiten mit dem klassischen Zugang über das Tangentenproblem richtet den Blick auf mögliche Alternativen.

Die beim geometrischen Zugang ausgesparte Frage ist, *warum man sich für den lokalen Anstieg interessiert*. Es erscheint angebracht, die Problematik in Sachkontexte einzubetten, die die Frage nach dem lokalen Anstieg in natürlicher Weise enthalten und zudem möglichst nahe an der Erfahrungswelt der Schüler liegen. Dies ist die Perspektive der Ableitung als *lokale Änderungsrate*.

Um die Schwierigkeiten, die mit dem Grenzübergang verbunden sind, nicht zur Hauptsache werden zu lassen, sind solche Beispiele zu bevorzugen, in denen man sich in intuitiver Weise des Zeitkontinuums bedient. Das (auch historisch bedeutsame) kinematische Beispiel der Momentangeschwindigkeit ist hier besonders tragfähig und muss nicht als „hartes" physikalisches Beispiel thematisiert werden.

Wir zeigen im nachfolgenden Kasten, wie ein phänomenologisch orientierter Einstieg über die Momentangeschwindigkeit für die Hand des Schülers aussehen kann. In diesem Textstück kommen die für die Analysis bedeutsamen Ideen (Idee des Messens, des funktionalen Zusammenhangs, der Änderungsrate und des Approximierens) wie unter einem Brennglas zusammen. Darüber hinaus sind alle drei Grunderfahrungen gleichermaßen beteiligt: der Realitätsbezug (G1), die

Durchdringung eines zentralen theoretischen Begriffs (G2) und die Erfahrung erfolgreichen heuristischen Arbeitens (G3). Aus fachdidaktischer Sicht ist damit das Beispiel der Momentangeschwindigkeit für eine Einführung in die Differenzialrechnung in besonderem Maße legitimiert.[1]

So überrascht nicht, dass der folgende Kasten einen etwas längeren Atem verlangt.

Geschwindigkeiten

„Neulich bin ich mit dem Auto von Bielefeld nach Berlin gefahren und habe für die 400 km genau 4 Stunden gebraucht."

„Dann warst Du aber mit 100 km/h nicht besonders schnell."

„Wie man's nimmt, manchmal bin ich über 150 gefahren."

Wer über Geschwindigkeiten redet, spricht über Bewegungen. Er betrachtet den zurückgelegten Weg (z.B. eines Autos) in Abhängigkeit von der Zeit. Wir wissen, dass man solche Abhängigkeiten durch Funktionen beschreibt, hier durch eine Weg-Zeit-Funktion, die jedem Zeitpunkt t den bis dahin zurückgelegten Weg $s(t)$ zuordnet:

$$t \mapsto s(t)$$

Um etwas Konkretes vor Augen zu haben, betrachten wir einen Anfahrvorgang. Wir unterstellen (was nicht unrealistisch ist), dass der Weg-Zeit-Zusammenhang annähernd quadratisch ist. Für den bis zum Zeitpunkt t zurückgelegten Weg $s(t)$ möge gelten:

$$s(t) = t^2 .$$

---

[1] Diesen Weg geht auch der Klassiker Sawyer 1964. Auch das vorzügliche – auf Selbsttätigkeit ausgerichtete – Arbeitsbuch Wong 2003 wählt die Momentangeschwindigkeit als Einstieg.

Der Graph zeigt, wie sich der durch-
fahrene Weg im Laufe der Zeit entwickelt:

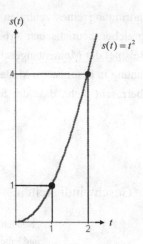

Wir sehen, der zurückgelegte Weg $s(t)$ wächst mit der Zeit t, und zwar mit fortschreitender Zeit immer rascher, der Wagen wird also immer schneller.

Sehen wir genauer hin: In gleichlangen Zeitabschnitten werden mit fortschreitender Zeit immer längere Wegstrecken zurückgelegt. Messen wir etwa die Zeit in Sekunden und den Weg in Metern, so werden im Laufe

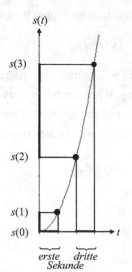

der ersten Sekunde
$$s(1) - s(0) = 1^2 - 0^2 = 1 \text{ Meter}$$

der zweiten Sekunde
$$s(2) - s(1) = 2^2 - 1^2 = 3 \text{ Meter}$$

der dritten Sekunde
$$s(3) - s(2) = 3^2 - 2^2 = 5 \text{ Meter}$$

...

zurückgelegt.

Will man wissen, welche Wegstrecke in einem beliebigen Zeitabschnitt, sagen wir von t_0 bis t_1, zurückgelegt wurde, so muss man die Differenz

$$s(t_1) - s(t_0)$$

berechnen. So wird etwa in der Zeit von $t_0 = 1$ bis $t_1 = 3$ die Strecke

$$s(t_1) - s(t_0) = s(3) - s(1) = 3^2 - 1^2 = 8 \text{ Meter}$$

gefahren, d.h. im Zeitintervall von t_0 bis t_1, das 2 Sekunden lang ist, werden

8 Meter zurückgelegt. In diesem Zeitintervall werden also *im Mittel* in einer Sekunde $\frac{8}{2} = 4$ Meter zurückgelegt. Anders ausgedrückt: Die *mittlere* Geschwindigkeit im Zeitintervall $[\,1\,,3\,]$ beträgt 4 Meter pro Sekunde, kurz 4 m/s.

Die mittlere Geschwindigkeit in einem beliebigen Zeitintervall $[t_0, t_1]$ findet man nun, indem man die Wegdifferenz $s(t_1) - s(t_0)$ auf die zugehörige Zeitdifferenz $t_1 - t_0$ bezieht, d.h. durch sie dividiert:

$$\text{mittlere Geschwindigkeit im Intervall } [t_0, t_1] = \frac{s(t_1) - s(t_0)}{t_1 - t_0}$$

Dieser Quotient wird oft auch *Durchschnittsgeschwindigkeit* genannt.

Leider beantwortet die Kenntnis von Durchschnittsgeschwindigkeiten nicht die Frage, wie schnell der Wagen zu einem bestimmten Zeit*punkt*, sagen wir zum Zeitpunkt $t_0 = 1$, ist. Dieser Frage gehen wir jetzt nach:

*Wie lässt sich die Momentangeschwindigkeit zum Zeit*punkt $t_0 = 1$ *berechnen?*

So nutzlos waren unsere Betrachtungen zur mittleren Geschwindigkeit in Zeit- *intervallen* nicht, wie wir sogleich sehen werden.

Die zündende Idee ist, die gesuchte *Momentan*geschwindigkeit durch *mittlere* Geschwindigkeiten anzunähern. Wir führen die Näherung für den Zeitpunkt $t_0 = 1$ vor.

Zeitintervall $[t_0,t]$	mittlere Geschwindigkeit $\dfrac{s(t)-s(t_0)}{t-t_0}$ im Zeitintervall $[t_0,t]$
$[1;2]$	$\dfrac{2^2-1^2}{2-1}=3$
$[1;1,1]$	$\dfrac{1,1^2-1^2}{1,1-1}=2,1$
$[1;1,01]$	$\dfrac{1,01^2-1^2}{1,01-1}=2,01$
$[1;1,001]$	$\dfrac{1,001^2-1^2}{1,001-1}=2,001$
$\vdots$	$\vdots$

Wir entnehmen der Tabelle: Je kleiner das Intervall $[t_0,\,t]$ wird, je näher also t an t_0 heran rückt, umso näher scheint die mittlere Geschwindigkeit dem Wert 2 zu kommen; sie kommt ihm beliebig nahe. Um uns zu vergewissern, nähern wir uns auch von der anderen Seite ($t < t_0$):

$[t,t_0]$	$\dfrac{s(t_0)-s(t)}{t_0-t}$
$[0;1]$	1
$[0,9\,;1]$	$1,9$
$[0,99\,;1]$	$1,99$
$[0,999\,;1]$	$1,999$
$\vdots$	$\vdots$

Wie erwartet bewegen sich die mittleren Geschwindigkeiten wieder auf den Wert 2 zu. Man wird 2 m/s für die gesuchte Momentangeschwindigkeit halten.

Dass jede andere Annäherung an den Zeitpunkt $t_0 = 1$ zu demselben Ergebnis für die Momentangeschwindigkeit führt, können wir ohne große Mühe einsehen:

Ist t ein benachbarter Zeitpunkt von $t_0 = 1$, so hat die mittlere Geschwindigkeit im Intervall $[1, t]$ den Wert

$$\frac{s(t) - s(1)}{t - 1} = \frac{t^2 - 1^2}{t - 1} \quad (t \neq 1)$$

$$= \frac{(t-1)\,(t+1)}{t-1} = t + 1 = 1 + t \;.$$

Man sieht, $1 + t$ kommt dem Wert 2 beliebig nahe, wenn nur t genügend nahe bei 1 liegt.

Auf diese Weise haben wir die Momentangeschwindigkeit erfolgreich berechnet.

Wertender Vergleich beider Zugänge

Der klassische Zugang über das Tangentenproblem vollzog sich in drei Schritten mit je spezifischen Schwierigkeiten:

Erster Schritt: Paradigmenwechsel vom geometrischen zum analytischen Tangentenbegriff.

Zweiter Schritt: Die Idee, die Tangente als Grenzlage von Sekanten aufzufassen, liegt quer zur Schmiegvorstellung.

Dritter Schritt: Kann man den Sekantensteigungen (den Differenzenquotienten) überhaupt einen Grenzwert zuschreiben?

Wie verhält sich hierzu der skizzierte Zugang über Geschwindigkeiten?

Die Schwierigkeit aus dem *ersten Schritt* entsteht nicht. Die vorhandene Vorstellung von Geschwindigkeiten trägt, während die Grundvorstellung von der Tangente erweitert werden musste.

Die Idee der Annäherung durch Differenzenquotienten im *zweiten Schritt* fällt nicht vom Himmel, sondern ist im Sachkontext angelegt: Geschwindigkeiten im Alltagsverständnis sind eben nur in Zeit*intervallen* messbar.

Der nach wie vor berechtigte Einwand von Barrow (*dritter Schritt*) verliert seine Schärfe, weil in dem Sachkontext niemand in Zweifel ziehen wird, dass der gefundene Wert etwas anderes beschreibt als die Momentangeschwindigkeit.

Wir erwähnen noch zwei Vorzüge des gewählten Einstiegs:

1. Der kinematische Kontext knüpft an Alltagserfahrungen von Jugendlichen an (beginnende Motorisierung, Computerspiele, Sport, ...).

2. Behandelt man ganz entsprechend die zeitliche Änderung von *Geschwindigkeiten* (statt Wegen), so gelangt man zu einem adäquaten Verständnis des Begriffs der Momentanbeschleunigung.

Die Idee des Übergangs von der mittleren zur lokalen Änderungsrate trägt weit über die Kinematik hinaus: Überall dort, wo ein Änderungsverhalten *punktuell* beschrieben werden soll, wird das gewählte Beispiel zum universellen Modell.

3.2 Die Ableitung als lokale Änderungsrate

3.2.1 Grundverständnis[1]

Die lokale Änderungsrate einer Funktion an einer festen Stelle ist eine Modellgröße, die am Ende einer Kette von Beschreibungen des Änderungsverhaltens einer Funktion steht: vom aktuellen Bestand über den absoluten und relativen Zuwachs zur lokalen Änderungsrate.

Am Beispiel der Momentangeschwindigkeit lassen sich – wie im letzten Kasten geschehen – die einzelnen Schritte gut verfolgen: Beschreibt f den funktionalen Weg-Zeit-Zusammenhang, so ist

---

[1] Wir verwenden hier und im Folgenden den Terminus „Grundverständnis" in dem Sinne, dass damit für mathematische Begriffe oder Verfahren der (oder ein) Kern des inhaltlichen Verständnisses beschrieben wird. Dies ist auch eine mögliche Lesart des verbreiteten Terminus „Grundvorstellung". Auf die wechselseitige Abgrenzung gehen wir hier nicht ein.

$f(x_0)$ der zurückgelegte Weg zum Zeitpunkt x_0

$f(x) - f(x_0)$ der in der Zeit von x_0 bis x zurückgelegte Weg

$\dfrac{f(x) - f(x_0)}{x - x_0}$ der in der Zeit von x_0 bis x zurückgelegte Weg *bezogen* auf die dafür benötigte Zeitspanne $x - x_0$

(dies ist die Durchschnittsgeschwindigkeit im Zeitintervall $[x_0, x]$)

$f'(x_0)$ die momentane Geschwindigkeit zum Zeitpunkt x_0.

Die nachfolgende Übersicht beschreibt diese Kette allgemein in der Sprache zeitlicher Abhängigkeit:

$$f(x_0) \quad \curvearrowright \quad f(x) - f(x_0) \quad \curvearrowright \quad \frac{f(x) - f(x_0)}{x - x_0} \quad \curvearrowright \quad f'(x_0) = \lim_{x \to x_0} \frac{f(x) - f(x_0)}{x - x_0}$$

Bestand zum Zeitpunkt x_0	*absoluter* Zuwachs in der Zeit von x_0 bis x	*relativer* Zuwachs im Zeitintervall $[x_0, x]$ (*mittlere* Änderungsrate)	momentane (*lokale*) Änderungsrate zum Zeitpunkt x_0
Funktionswert	Differenz der Funktionswerte	Differenzenquotient	Ableitung

algebraisch $\curvearrowright$ analytisch

Der Weg zu $f'(x_0)$

Die Übersicht enthält mit ihren drei Zeilen drei Beschreibungsebenen: die *symbolische* in der ersten Zeile, die inhaltliche, *kontextgebundene* in der zweiten und die *terminologische* in der dritten. Die Spalten identifizieren die einzelnen Schritte zur Ableitung als lokale Änderungsrate und markieren die Übergänge. Die beiden ersten Übergänge (vom Bestand zum absoluten und vom absoluten zum relativen

58

Zuwachs) sind nicht trivial, aber elementar und sind bei näherem Hinsehen Gegenstand des Mittelstufenunterrichts.[1] Die Idee des Übergangs vom absoluten zum relativen Zuwachs gehört auch – und dies mag überraschend sein – zum Kern eines inhaltlichen Verständnisses der Prozentrechnung.[2] So gesehen trägt eine Reaktivierung der Prozentrechnung zum Verständnis des relativen Zuwachses bei. Erst im letzten Schritt, also durch den (Grenz-) Übergang zur lokalen Änderungsrate, wird die Schwelle zur Analysis überschritten (die gestrichelte Linie in der Übersicht).

Jede Etappe erfordert je eigene Anstrengungen bei der Interpretation in Sachzusammenhängen. Der Übergang von der mittleren zur lokalen Änderungsrate ist in kinematischen Kontexten vergleichsweise unproblematisch, weil der funktionale Weg-Zeit-Zusammenhang sich in intuitiver Weise des Zeitkontinuums bedient[3] (s. letzten Kasten).

Interessant wird es, wenn die Funktion von Hause aus auf einem diskreten Größenbereich operiert und die Ableitung zu einer (idealisierten) *Modellgröße* führt, die im Sachkontext weder messbar noch interpretierbar ist. Dies tritt zum Beispiel bei funktionalen Zusammenhängen im wirtschaftlichen Bereich ein und ist dort auch elementar thematisierbar.

---

[1] Die entscheidende Hürde ist der Übergang zum *relativen* Zuwachs und bedarf im Unterricht besonderer Aufmerksamkeit. Malle (2003) weist darauf hin, dass diese Anstrengung unerlässlich ist, denn man kann „wichtige Grundvorstellungen zum Differentialquotienten erst dann entwickeln, wenn man vorher Grundvorstellungen zum Differenzenquotienten entwickelt hat." (S. 62)

[2] Dabei bezieht man den absoluten Zuwachs $f(x) - f(x_0)$ auf den Bestand $f(x_0)$, bildet also den Quotienten $\dfrac{f(x) - f(x_0)}{f(x_0)}$.

Vor uns liegt ein Paradebeispiel für eine vertikale Vernetzung: Die fundamentale Idee der Änderungsrate zieht sich wie ein roter Faden von den Anfängen der Prozentrechnung in der Unterstufe bis zur Differenzialrechnung in der Oberstufe. Ein sinnstiftender Mathematikunterricht wird dies bewusst machen.

Dieser hier so wichtige Übergang zum *relativen* Zuwachs gerät beim Zugang über das Tangentenproblem gar nicht in den Blick (vgl. Abschnitt 3.1).

[3] Der Unterrichtsvorschlag in Henn 2000b stützt sich auf genau diese Tatsache.

Beispiel: Die Modellgröße der Arbeitsproduktivität

Im Allgemeinen wird die in einer Fabrik produzierte Warenmenge mit der Anzahl der geleisteten Arbeitsstunden wachsen. Typisch ist etwa folgender Verlauf:

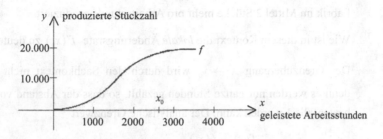

$f(x_0)$ gibt an, wie viele Werkstücke produziert werden, wenn x_0 Stunden gearbeitet werden (Bestand von f an der Stelle x_0). Der absolute Zuwachs $f(x) - f(x_0)$ gibt an, wie viele Stücke *mehr* produziert werden, wenn statt x_0 jetzt x Arbeitsstunden geleistet werden ($x > x_0$). Der relative Zuwachs $\dfrac{f(x) - f(x_0)}{x - x_0}$ bezieht das Mehr an produzierten Stücken auf die dafür zusätzlich geleisteten Arbeitsstunden. Er sagt, wie viele Stücke mehr pro zusätzliche Arbeitsstunde im Intervall $[x_0, x]$ produziert werden. Diesen relativen Zuwachs nennt man die mittlere *Arbeitsproduktivität*[1]. Werden etwa (mit zum Bild passenden Daten) statt $x_0 = 2700$ jetzt $x = 3000$ Stunden gearbeitet, so werden statt $f(x_0) = 18800$ jetzt $f(x) = 19400$ Stücke produziert. Die mittlere Arbeitsproduktivität im Intervall von 2700 bis 3000

---

[1] Man mache sich klar, dass die mittlere Arbeitsproduktivität nicht nur von dem *Mehr* an geleisteten Stunden abhängt (hier $x - x_0$), sondern auch davon, an welcher *Stelle* man sich befindet (hier x_0). Sie hängt damit von zwei Variablen ab, dem *Mehr* an Stunden – dieser Zuwachs im Argument wird in der Analysis oft mit h bezeichnet – und der *Stelle* x_0. Die zu durchlaufende Kette schreibt sich dann

$$f(x_0) \curvearrowright f(x_0 + h) - f(x_0) \curvearrowright \frac{f(x_0 + h) - f(x_0)}{h} \curvearrowright f'(x_0) = \lim_{h \to 0} \frac{f(x_0 + h) - f(x_0)}{h}.$$

Stunden ist dann

$$\frac{f(x) - f(x_0)}{x - x_0} = \frac{19\,400 - 18\,800}{3\,000 - 2\,700} = \frac{600}{300} = \frac{2}{1} \frac{\text{Stücke}}{\text{Stunde}}$$

Das bedeutet, im Bereich zwischen 2700 und 3000 Stunden werden in dieser Fabrik im Mittel 2 Stücke mehr pro Arbeitsstunde produziert.

Wie ist in diesem Kontext die *lokale* Änderungsrate $f'(x_0)$ zu deuten?

Der Grenzübergang $x \to x_0$ wird durch den Sachkontext nicht gedeckt, denn es werden nur ganze Stunden gezählt, so dass der Abstand von x zu x_0 bestenfalls 1 werden kann. Der analytische Grenzwert

$$\lim_{x \to x_0} \frac{f(x) - f(x_0)}{x - x_0}$$

ist also im unterliegenden diskret definierten Sachkontext zu interpretieren durch den Differenzenquotienten

$$\frac{f(x_0 + 1) - f(x_0)}{1}.$$

Er gibt für die Stelle x_0 an, wie viele Stücke mehr pro zusätzliche einzelne Arbeitsstunde produziert werden.

Hier ist die Ableitung als lokale Änderungsrate offenkundig eine theoretische *Modellgröße*, die im Sachkontext keine direkte Entsprechung hat. Dennoch sind die Anwender (hier die Wirtschaftswissenschaftler) darauf aus, sich dieser Abstraktion zu bedienen. Ein Grund dafür liegt auf der Hand: Nach dem Übergang zur Ableitung hat man es statt mit den *zwei* Variablen x_0 und x beim Differenzenquotienten dann nur noch mit der *einen* Variablen x_0 zu tun und kommt auf diese Weise in den Genuss der Leistungsfähigkeit des analytischen Kalküls.[1]

Beispiele wie das obige, die aus einem „diskreten" Sachkontext stammen, gehören aus unserer Sicht zum Kern einer phänomenologisch orientierten Begegnung mit

---

[1] So führt die unternehmerisch interessante Frage, wann die Arbeitsproduktivität maximal ist, bei Kenntnis des Kurvenverlaufs auf die Berechnung von Wendepunkten.

dem Ableitungsbegriff. Hier lässt sich das für die Mathematik (und insbesondere für die Analysis) charakteristische Spannungsverhältnis zwischen den Grunderfahrungen G1 und G2 konkret thematisieren (s. Kapitel 1).

Auch die dritte Grunderfahrung G3 zur Bedeutung der Heuristik für einen verständigen Umgang mit Mathematik steht in direktem Zusammenhang mit dem Verständnis der Ableitung als lokale Änderungsrate: Versteht man zum Beispiel die bekannte Regel „die Ableitung von x^2 ist $2x$" nicht nur syntaktisch, so kann man fragen, warum ist *die lokale Änderungsrate des Flächeninhalts eines Quadrats gleich seinem halben Umfang*? Ein (vollständiges) heuristisches Argument geht so:

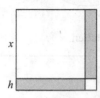

Die absolute Änderung des Flächeninhalts ist für kleine h im Wesentlichen gleich dem Inhalt der beiden schattierten Rechtecke, die relative Änderung (mittlere Änderungsrate) daher im Wesentlichen gleich dem halben Umfang. In der Tat ist die Näherung

$$\frac{(x+h)^2 - x^2}{h} \approx 2x$$

beliebig gut, wenn nur h hinreichend klein ist.[1]

In ähnlicher Weise lässt sich erklären, warum z. B. die Umfangsformel für den Kreis durch Differenziation aus der Flächenformel hervor geht (vgl. hierzu den nachfolgenden Kasten). Und umgekehrt führt die Auseinandersetzung mit verwandten Phänomenen zur Weiterentwicklung heuristischer Fähigkeiten.[2]

Eine Beobachtung am Kreis

Der Flächeninhalt eines Kreises mit dem Radius r beträgt $A(r) = \pi r^2$. Die Ableitung von A ist demnach $A'(r) = 2\pi r$, also gerade gleich dem Umfang des

---

[1] Entsprechend lässt sich am Würfel die Regel $(x^3)' = 3x^2$ verstehen. Das Grundverständnis der Ableitung als Tangentensteigung ist hier erkennbar weniger suggestiv.

[2] Zum Beispiel kann man die Frage aufwerfen, warum sich beim Quadrat der halbe und beim Kreis der volle Umfang ergibt.

Kreises. Dies kann man so plausibel machen:

Hat man einen Kreis mit festem Radius r und vergrößert den Radius um ein kleines Stück Δr (siehe Figur), so wird sich der Flächenzuwachs ΔA um so weniger vom Produkt aus dem Umfang $2\pi r$ und Δr unterscheiden, je kleiner Δr wird.

Also ist

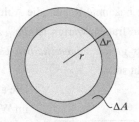

$$\Delta A \approx 2\pi r \cdot \Delta r$$

oder $\quad A'(r) \approx \dfrac{\Delta A}{\Delta r} \approx 2\pi r$

für kleine Δr.

Ähnliche Überlegungen lassen sich für das Kugelvolumen anstellen.

3.2.2 Ein Modellierungsbeispiel

Die Ableitung im Grundverständnis der lokalen Änderungsrate eignet sich vorzüglich für die mathematische (hier analytische) Modellierung beim Problemlösen. Wir illustrieren dies an einem einfachen, idealtypischen Beispiel.

Das Problem[1]

Wie lange mag es dauern, bis die Ameise den Tunnel gegraben hat?

---

[1] Vgl. die ausführliche Diskussion in Danckwerts/Vogel 2001a.

Der Zeitbedarf wird von der Länge des Tunnels abhängen. Lässt sich eine einfache Formel finden, mit der sich der Zeitbedarf $t(x)$ für einen Tunnel der Länge x voraussagen lässt?

Um überhaupt eine Chance zu haben, wird man annehmen, dass der Tunnel überall den gleichen Querschnitt hat und die Beschaffenheit des Materials (z.B. Sand) überall gleich ist.

Ein erster Anlauf

Die einfachste Möglichkeit ist, einen proportionalen Zusammenhang zu unterstellen (zur doppelten Tunnellänge gehört der doppelte Zeitbedarf.):

(1) $t(x) = kx$

Leider hält dieser einfache Ansatz einer näheren Prüfung nicht stand:

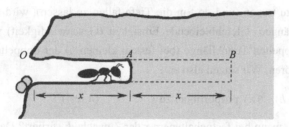

Dauert das zweite Stück genauso lange wie das erste?

Es ist nicht realistisch, dass die Ameise für das zweite Teilstück AB genauso lange braucht wie für die erste Hälfte OA, schließlich muss sie den Sand aus dem inneren Stück AB weiter schleppen, bis sie ihn am Eingang O ablegen kann.

Das so einfache lineare Modell müssen wir also verwerfen: Der Term (1) gibt die Verhältnisse sicher nicht richtig wieder.

Neuer Versuch

Es ist offenbar nicht egal, an welcher Stelle des Tunnels die Ameise arbeitet. Deshalb fixieren wir für den Moment eine Stelle im Abstand x vom Tunneleingang und stellen uns vor, wie die Ameise den Tunnel von dort aus ein kleines Stück vorantreibt.

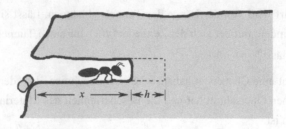

Wie lange braucht die Ameise für das kleine Stück von x bis $x + h$?

Um von der Stelle x bis zur Stelle $x + h$ voranzukommen, braucht die Ameise die Zeit

$$t(x + h) - t(x).$$

Was lässt sich über diese Zeitspanne aussagen?

Stellen wir uns h als ein Sandkorn vor. Die Zeitspanne, um dieses Korn zum Tunneleingang zu tragen (und dort in die Tiefe fallen zu lassen), wird von der Weglänge x abhängen. Gleichbleibende Emsigkeit (Geschwindigkeit) vorausgesetzt, wird zur doppelten Tunnellänge (bei festem kleinen h) der doppelte Zuwachs an Bauzeit gehören. Wir setzen also an

(2) $\quad t(x + h) - t(x)$ proportional zu x $\qquad$ (h fest)

Wie steht es, wenn bei festgehaltenem x der Zuwachs h variiert? Damit die Änderung von h keinen nennenswerten Einfluss auf die Laufstrecke hat, stellen wir uns vor, dass h nur innerhalb der Greifweite der Ameise variiert, d.h. genügend klein ist. Unter dieser Voraussetzung ist es vernünftig davon auszugehen, dass der Zeitbedarf $t(x + h) - t(x)$ bei festem x proportional ist zum Tunnelvortrieb h,

(3) $\quad t(x + h) - t(x)$ proportional zu h $\qquad$ (x fest, h klein)

(Um die Berechtigung dieses Ansatzes einzusehen, mache man sich klar, dass eine Verdoppelung von h eine Verdoppelung des wegzuschaffenden Sandvolumens bedeutet, die Ameise denselben Weg x also doppelt so oft laufen muss.)

Die Ableitung kommt ins Spiel

(2) und (3) zusammen bedeutet

$$t(x+h)-t(x) \text{ proportional zu } x \cdot h \qquad \text{(für kleine } h)^1,$$

d.h. der relative Zeitbedarf (mittlere Änderungsrate) ist proportional zu x:

$$\frac{t(x+h)-t(x)}{h} = kx,$$

woraus durch Übergang zur lokalen Änderungsrate ($h \to 0$) folgt

$$t'(x) = kx.$$

Dies aber heißt

$$t(x) = \frac{k}{2}x^2 + c,$$

also wegen $t(0) = 0$

(4) $t(x) = \dfrac{k}{2}x^2$

Rückblick

Die Gleichung (4) besagt, dass der Zeitbedarf der Ameise mit der Länge des zu grabenden Tunnels quadratisch wächst. In der Praxis des Tunnelbaus (nicht nur im Ameisenstaat) wird die Frage interessant, durch welche Maßnahmen man die ungünstige Prognose (4) unterlaufen kann. Beispielsweise wird man bei Experten erfahren, dass im realen Tunnelbau alles getan wird, um den Zeitbedarf letztlich doch proportional zur Tunnellänge zu halten.

Ist es nicht erstaunlich, wie wir mit vergleichsweise geringem Aufwand unter sehr nahe liegenden Annahmen zu einer handfesten Formel mit Prognosewert gelangt sind? Hier spürt man etwas von der Kraft der Mathematik. Die mathematische Modellierung des Problems ist paradigmatisch für die Lösung vieler technisch-naturwissenschaftlicher Fragestellungen: Betrachtet wird das Änderungsverhalten der gesuchten funktionalen Abhängigkeit. Man startet mit der absoluten Änderung

---

[1] Für einen elementaren Beweis vgl. Danckwerts/Vogel 2001a, S. 67-68.

und versucht, über die relative Änderung die Ableitung und damit die Macht des theoretischen Kalküls ins Spiel zu bringen.

Das hier vorgestellte Modellierungsbeispiel ist ein idealtypischer Fall für das erfolgreiche Zusammenwirken aller drei Grunderfahrungen G1-G3.

3.2.3 Eine historische Quelle

Der französische Mathematiker Augustin-Louis Cauchy (1789-1857) hat wesentliche Beiträge zur Grundlegung der Analysis geleistet. Sein Werk steht einerseits in der Tradition von Leibniz und Newton, den Entdeckern der Theorie aus dem 17. Jahrhundert, andererseits gehört er zu den Wegbereitern einer theoretischen Klärung der Grundbegriffe der Analysis, die über Weierstraß und Dedekind bis ins 20. Jahrhundert hinein reicht. Eng verbunden mit diesen Fragen war Cauchys besonderes Interesse an der Lehrbarkeit der Analysis.

A.-L. CAUCHY gehört zum Kreis jener brillanter Wissenschaftler, die in der ersten Hälfte des 19. Jahrhunderts an der berühmten École Polytechnique in Paris gewirkt haben. Das Bild zeigt das Titelblatt der «Résumé», seiner dort zur Analysis («Calcul Infinitésimal») über viele Jahre hinweg gehaltenen Vorlesungen.

Augustin-Louis CAUCHY
(1789-1857)

Cauchy wurde im August 1789, mitten in den Pariser Revolutionswirren geboren. Trotz politisch unruhiger Zeiten und eines ausgeprägten Hangs zur Starrköpfigkeit war er ungewöhnlich produktiv: Er schrieb über 750 Arbeiten.

In seiner ersten Vorlesung über die „Differenzialrechnung" im Jahre 1815 sagt Cauchy zur Ableitung:[1]

„Um die Begriffe zu fixieren, nehmen wir an, daß man bloß zwei Veränderliche betrachte; nämlich eine unabhängige Veränderliche x und eine
durch $y = f(x)$ bezeichnete Function von x. Wenn die Function $f(x)$ zwischen zwei gegebenen Grenzen der Veränderlichen x continuierlich bleibt,
und wenn man der Veränderlichen einen zwischen diesen Grenzen liegenden Werth beilegt; so wird ein der Veränderlichen ertheiltes unendlich
kleines Increment auch eine unendlich kleine Veränderung der Function
zur Folge haben. Also werden, wenn man $\Delta x = i$ setzt, die beiden Glieder
des Differenzenverhältnisses:

$$\frac{\Delta y}{\Delta x} = \frac{f(x + i) - f(x)}{i}$$

unendlich kleine Größen sein. Aber während sich diese beiden Glieder
unbestimmt und gleichzeitig der Grenze Null nähern, wird ihr Verhältniß
selbst gegen eine andere Grenze, sie sei positiv oder negativ, convergiren
können, welche das letzte Verhältniß der unendlich kleinen Differenzen
Δy, Δx sein wird. Diese Grenze, oder dieses letzte Verhältniß, hat, wenn
es existirt, für jeden particulären Werth von x einen bestimmten Werth;
aber es variirt mit x. ..."

Cauchy macht in diesen Zeilen auf eine zentrale Verständnisschwierigkeit aufmerksam: Der Differenzenquotient

$$\frac{f(x + h) - f(x)}{h}$$

kann durchaus gegen eine „Grenze" streben („convergiren"), wenn der Zuwachs h
(das „Inkrement" i) gegen null geht, und dies angesichts der Tatsache, dass Zähler
und Nenner gegen null gehen; dies bringt auch Schüler regelmäßig zum Staunen.[2]
Cauchy spricht vom „letzten Verhältnis" und betont zugleich, dass dieses nicht

---

[1] Vgl. Cauchy 1836.

[2] Vgl. hierzu etwa die Untersuchung von vom Hofe 1998. – Wir erinnern an die kritischen Bemerkungen in Abschnitt 3.1.1.

davon abhängen darf, *wie h* gegen null geht (bei Cauchy sich unbestimmt der Grenze null nähert).

Wir halten fest, dass Cauchy in seiner Definition nicht auf geometrische Vorstellungen (Sekanten, Tangenten, ...) zurück greift. Er blickt eher von der Idee der *lokalen Änderungsrate* mit der Perspektive einer rein analytischen Definition.

Was kann diese Quelle für den Analysisunterricht beitragen?

Man spürt, wie hier ein herausragender Wissenschaftler um begriffliche Klärung bemüht ist. Es gilt etwas von dieser Faszination in den Unterricht zu tragen. Dabei kann die Eigentümlichkeit der Sprache helfen. Dadurch dass Cauchy auf eine Verständnisschwierigkeit aufmerksam macht, die wohl jedem begegnet (die $\frac{0}{0}$ - Problematik), gewinnt das Zitat an Authenzität. Es erscheint uns besonders geeignet für eine rückblickende, vertiefende Diskussion im Unterricht.

3.3 Der Aspekt der lokalen Linearisierung

3.3.1 Grundverständnis

Wir betrachten die vertraute Normalparabel mit ihrer Tangente im Punkt (1,1).

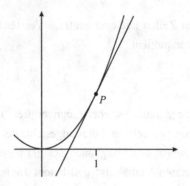

Parabel mit Tangente

Uns interessieren die Verhältnisse in der Nähe des Berührpunktes P. Dazu zoomen wir den Punkt P kräftig heran.[1] Sehr schnell ist die Kurve von der Geraden nicht zu unterscheiden.

Die Parabel ist im Kleinen gerade.

Das überrascht nicht, schließlich schmiegt sich die Kurve der Tangente lokal um den Berührpunkt gut an.

Wir versuchen den Schmiegeffekt der Tangente genauer zu fassen und fragen nach dem Unterschied zwischen Parabel und Tangente in der Nachbarschaft von P:

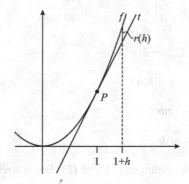

Wie groß ist die Abweichung $r(h)$?

Die Tangentengleichung errechnet sich zu

$$t(x) = 2(x-1) + 1 \; ,$$

also beträgt die Abweichung

---

[1] Ein Computer kann hier sehr hilfreich sein.

$$r(h) = f(1 + h) - t(1 + h)$$

$$= (1 + h)^2 - (2h + 1)$$

(1) $r(h) = h^2$.

Sie geht wie erwartet für $h \to 0$ gegen null.

Wie verhält es sich bei einer anderen Geraden g durch P?

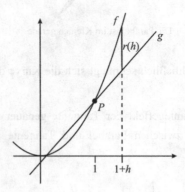

Mit $g(x) = m(x - 1) + 1, \quad m \neq 2$

folgt $r(h) = f(1 + h) - g(1 + h)$

$$= (1 + h)^2 - (mh + 1)$$

(2) $r(h) = h^2 + (2 - m)h$.

Wir vergleichen die Abweichungen (1) und (2). Beide streben für $h \to 0$ gegen null, darin unterscheiden sie sich nicht. Aber wenn wir zu den *relativen* Abweichungen übergehen, wird der Unterschied deutlich:

(1′) $\dfrac{r(h)}{h} = h$

(2′) $\dfrac{r(h)}{h} = h + (2 - m), \quad m \neq 2$

Während bei der Tangente auch der relative Fehler noch gegen null geht, ist dies für alle anderen Geraden durch P nicht der Fall.

Die Bedingung

(3) $\quad \dfrac{r(h)}{h} \to 0 \quad$ für $\quad h \to 0$

ist offenbar analytischer Ausdruck der Schmiegeigenschaft der Tangente!

Diese Beobachtung hängt nicht an dem Beispiel der Normalparabel, sie gilt allgemein.

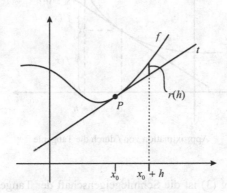

Approximation von f durch die Tangente

Die verschärfte Restbedingung $\displaystyle\lim_{h\to 0} \dfrac{r(h)}{h} = 0$ (gegenüber $\displaystyle\lim_{h\to 0} r(h) = 0$) charakterisiert die Tangente als bestapproximierende Gerade (siehe den nächsten Kasten).

Das Verständnis der Ableitung über die *lokale lineare Approximation* besagt, dass sich der Graph von f in der Nähe von x_0 durch die Tangente in x_0 so annähern lässt, dass der Fehler der Approximation besonders gut, nämlich schneller als h selbst, gegen null geht:

$$f(x_0 + h) = t(x_0 + h) + r(h) \quad \text{mit} \quad \frac{r(h)}{h} \to 0 \text{ für } h \to 0$$

Mit der Tangentengleichung

$$t(x) = f(x_0) + f'(x_0)(x - x_0)$$

erhält man

(4) $f(x_0 + h) = f(x_0) + f'(x_0) \cdot h + r(h)$ mit $\dfrac{r(h)}{h} \to 0$ für $h \to 0$.

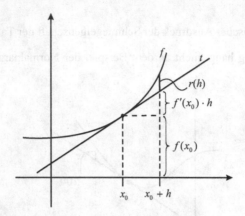

Approximation von f durch die Tangente

In der Restbedingung (3) ist die Schmiegeigenschaft der Tangente mathematisch aufgehoben. Diese Eigenschaft konstituiert das Grundverständnis der Ableitung über die lokale Linearisierung. Der Rechner mit seiner Potenz zur dynamischen Visualisierung kann diese Sichtweise wirksam unterstützen.

Die Tangente als „beste" Gerade

Unter allen Geraden durch den Punkt $(x_0, f(x_0))$ ist die Tangente diejenige Gerade, die f lokal um x_0 am besten approximiert. Wie ist das gemeint?

Jede Gerade g durch $(x_0, f(x_0))$ ist von der Form

$$g(x) = f(x_0) + m \cdot (x - x_0)$$

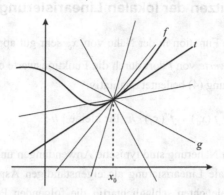

Der Fehler der Approximation von f durch die Gerade g ist

$$r(h) = f(x_0 + h) - g(x_0 + h)$$

$$= f(x_0 + h) - f(x_0) - m \cdot h.$$

Wie zu erwarten, geht – falls f in x_0 differenzierbar ist – $r(h)$ für jede Gerade g gegen null, wenn $h \to 0$ geht (hierfür genügt die Stetigkeit von f in x_0!).

Doch *nur*, wenn $m = f'(x_0)$, g also die Tangente ist, geht darüber hinaus auch der relative Fehler $\dfrac{r(h)}{h}$ gegen null. Dies folgt aus

$$\frac{r(h)}{h} = \frac{f(x_0 + h) - f(x_0)}{h} - m,$$

da $\lim\limits_{h \to 0} \dfrac{f(x_0 + h) - f(x_0)}{h} = f'(x_0)$ ist.

In diesem Sinne ist von dem Geradenbüschel durch den Punkt $(x_0, f(x_0))$ die Tangente die bestapproximierende Gerade.

3.3.2 Vom Nutzen der lokalen Linearisierung

Da die Tangente die Funktion in der Nähe von x_0 sehr gut approximiert, liegt es nahe, die *Funktionswerte* von f dort durch die Funktionswerte der Tangente anzunähern. Die Darstellung (4) bedeutet qualitativ:

(5) $\quad f(x_0 + h) \approx f(x_0) + f'(x_0) \cdot h \quad$ für kleine $\mid h \mid$.

Mit dieser wichtigen Näherung sind typische Anwendungen und Sichtweisen verbunden, die die lokale Linearisierung als eigenständigen Aspekt der Ableitung legitimieren. Wir beleuchten schlaglichtartig die folgenden Punkte: *numerische Näherungen, Fehlerrechnung, Taylor-Abschätzung, die Leibnizschen Differenziale, das Newtonverfahren* und den *Beweis von Ableitungsregeln*.

1. Numerische Näherungen

Kennt man von einer Funktion den Funktionswert und die Ableitung an einer Stelle x_0, so kann man wegen (5) die Funktionswerte in der Nachbarschaft von x_0 näherungsweise berechnen.

Beispiel: Wie groß ist $\sqrt{8{,}92}$?

Wir wenden (5) für $f(x) = \sqrt{x}$, $x_0 = 9$ und $h = -0{,}08$ an und beachten, dass $f'(x) = \dfrac{1}{2\sqrt{x}}$ $(x > 0)$ ist:

$$\sqrt{9 - 0{,}08} \approx \sqrt{9} + \frac{1}{2\sqrt{9}}(-0{,}08) = 3 - \frac{1}{6} \cdot 0{,}08 = 2{,}98\overline{6}.$$

Der „wahre" (auf 10 Stellen genaue) Wert von $\sqrt{8{,}92}$ ist 2,986636905, der Approximationsfehler $r(-0{,}08)$ ist damit rund $-0{,}000029762$! (Selbst $\dfrac{r(h)}{h}$ ist mit $-0{,}000372026$ noch recht klein.)

Auf (5) beruht auch eine Vielzahl häufig verwendeter *Näherungsformeln* der elementaren numerischen Analysis, wie etwa (für kleine $\mid x \mid$):

$$(1 + x)^n \approx 1 + nx$$

$$\frac{1}{1-x} \approx 1 + x$$

$$\sqrt{1+x} \approx 1 + \frac{x}{2}$$

$$e^x \approx 1 + x$$

$$\sin x \approx x$$

Um etwa die erste Näherungsformel[1] zu begründen, betrachtet man $f(x) = x^n$, $x_0 = 1$, beachtet $f'(x) = nx^{n-1}$ und gewinnt

$$(1+h)^n = f(x_0 + h) \underset{(5)}{\approx} f(x_0) + f'(x_0) \cdot h = 1 + nh.$$

2. Fehlerrechnung

Die Näherung (5) ist Ausgangspunkt für die Anfänge der Fehlerrechnung. Nehmen wir an, es besteht ein funktionaler Zusammenhang zwischen den Größen x und $y = f(x)$. Wird wegen eines Messfehlers statt des wahren Wertes x_0 der Wert $x_0 + h$ gemessen, so pflanzt sich der Fehler h fort. Statt $f(x_0)$ erhält man dann $f(x_0 + h)$. Der Fehler h führt zum Fehler

$$f(x_0 + h) - f(x_0),$$

der nach (5) durch

$$f'(x_0) \cdot h$$

genähert werden kann.

Eine typische Aufgabe dazu: Um wieviel Prozent wird das Volumen einer Kugel näherungsweise falsch angegeben, wenn ihr Durchmesser um 2% falsch gemessen wird?

---

[1] Die Binomialentwicklung liefert $r(h) = \sum_{k=2}^{n} \binom{n}{k} h^k$ und damit direkt die Restbedingung $\lim_{h \to 0} \frac{r(h)}{h} = 0$.

76

3. Taylor- Abschätzung

Die Frage, wie der Fehler der Näherung (5) über die qualitative Restbedingung

$\lim\limits_{h \to 0} \dfrac{r(h)}{h} = 0$ hinaus genauer angegeben werden kann, führt – über die Einsicht,

dass das lokale Krümmungsverhalten der Funktion eingeht – zu einem genetischen Verständnis der Taylorabschätzung.[1]

4. Die Leibnizschen Differenziale

Schreibt man die Näherung (5) in der Form

$$f(x_0 + h) - f(x_0) \approx f'(x_0) \cdot h,$$

so sieht man: Der absolute Zuwachs von f ist in guter Näherung gleich dem Zuwachs der Tangente:

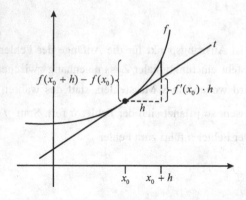

Den Zuwachs der Tangente nennt man das Differenzial von f und schreibt dafür dy. Differenziale sind also gute Näherungen für die wahren Zuwächse der Funktion, und so werden sie benutzt.

5. Das Newton-Verfahren

Die Leistungsfähigkeit des Newton-Verfahrens zur näherungsweisen Berechnung von Nullstellen beruht auf der Eigenschaft der Tangente, optimal Approximieren-

---

[1] Vgl. hierzu etwa Danckwerts/Vogel 1986c.

de zu sein. Die Idee des Verfahrens besteht darin, mit Hilfe der Tangente zu einem Näherungswert einen besseren Näherungswert zu finden[1]:

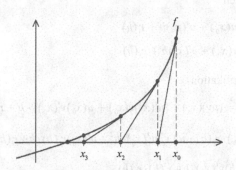

Approximiert man (statt mit der Tangente) mit anderen Geraden, verschlechtert sich das (quadratische) Konvergenzverhalten des Verfahrens.

6. Beweis von Ableitungsregeln

Wie verläuft üblicherweise der Beweis der Produktregel?

Produktregel: Mit u und v ist auch das Produkt $u \cdot v$ in x_0 ableitbar und es gilt

$$(uv)'(x_0) = u'(x_0) \cdot v(x_0) + u(x_0) \cdot v'(x_0).$$

Das Differenzenquotientenkonzept (Ableitung als lokale Änderungsrate) hat hier Schwächen: Der Umformung des zu untersuchenden Differenzenquotienten

$$\frac{(uv)(x_0 + h) - (uv)(x_0)}{h}$$

in die gewünschte Form

$$\frac{u(x_0 + h) - u(x_0)}{h} \cdot v(x_0 + h) + u(x_0) \cdot \frac{v(x_0 + h) - v(x_0)}{h}$$

dient das übliche Subtrahieren und Addieren eines geeigneten Terms (hier $u(x_0) \cdot v(x_0 + h)$). Ohne diesen Kunstgriff gerät man schnell in eine Sackgasse.

---

[1] Vgl. etwa Danckwerts/Vogel 1991.

Dagegen bekommt man auf der Basis des Linearisierungskonzepts gesagt, was beweismethodisch zu tun ist:

Aus den Darstellungen

$$u(x_0 + h) = u(x_0) + u'(x_0)h + r_1(h)$$

und $\quad v(x_0 + h) = v(x_0) + v'(x_0)h + r_2(h)$

entsteht durch Multiplikation

$$(uv)(x_0 + h) = (uv)(x_0) + [u'(x_0)v(x_0) + u(x_0)v'(x_0)] \cdot h + r(h)$$

mit $\quad r(h) = u(x_0) \cdot r_2(h) + u'(x_0)v'(x_0) \cdot h^2 + u'(x_0)r_2(h) \cdot h + r_1(h)v(x_0)$

$$+ r_1(h)v'(x_0) \cdot h + r_1(h) \cdot r_2(h).$$

Die Eigenschaft $\lim\limits_{h \to 0} \dfrac{r(h)}{h} = 0$ folgt aus der entsprechenden Eigenschaft der Reste r_1 und r_2. Daher ist die eckige Klammer vor h gleich $(uv)'(x_0)$. (Die formale Eleganz darf allerdings nicht darüber hinweg täuschen, dass dieser Schluss von der Eindeutigkeit der Ableitung im Sinne der Darstellung (4) Gebrauch macht.)

Mit der Kettenregel verhält es sich im Übrigen genauso: Der Weg über die lokale lineare Approximation ist auch hier beweismethodisch überlegen.

In der Zusammenstellung dieser sechs Punkte zeigt sich die Theoriehaltigkeit des Linearisierungsaspekts. Das Grundverständnis der Ableitung über die lokale lineare Approximation liegt in der Tat im Herzen der Grunderfahrung G2, bei der die mathematische Theoriebildung im Mittelpunkt steht. Noch deutlicher wird dies im folgenden Abschnitt.

3.3.3 Verallgemeinerungsfähigkeit

Dass man mit der Idee der lokalen Linearisierung – über die vielen nützlichen Anwendungen und Einsichten hinaus – etwas ganz Wesentliches vom Ableitungsbegriff erfasst hat, wird erst deutlich, wenn man die Frage nach der Verallgemeinerungsfähigkeit stellt.

*Wie steht es, wenn man den Begriff der Ableitung auf höhere Dimensionen über-
tragen will?*

Diese Frage stellt sich im Analysisunterricht in der Schule nicht, und dennoch hat
sie für den Lehrer Gewicht. Zum einen schlägt sie eine Brücke zwischen der
Schulmathematik und der Hochschulmathematik und berührt damit sein professio-
nelles Fachwissen. Ein solcher Horizont schafft Sicherheit, auch wenn er im Unterricht nicht eingeholt wird. Zum anderen wird ein methodologischer Aspekt berührt, der für Lernende auf jedem Niveau bedeutsam ist: Begriffsentwicklungen in
der Mathematik sind nach Möglichkeit so anzulegen, dass Grundverständnisse aus
einer Vorstufe bei einer Weiterentwicklung nicht hinderlich sind und vollständig
revidiert werden müssen. Dies ist die mathematikdidaktische Perspektive.

Nachfolgend diskutieren wir beide Aspekte des Ableitungsbegriffs (lokale Änderungsrate vs. lokale Linearisierung) mit Blick auf die Verallgemeinerungsfähigkeit. Wir skizzieren die fachliche Argumentationslinie:

Das Differenzenquotientenkonzept, d.h. $f'(x_0)$ definiert als lokale Änderungsrate

$$\lim_{h \to 0} \frac{f(x_0 + h) - f(x_0)}{h},$$

ist nicht geeignet, den Ableitungsbegriff in natürlicher Weise auf den mehrdimen-
sionalen Fall von Funktionen $f: D \to \mathbb{R}^m$ ($D \subset \mathbb{R}^n$ offen; $n, m \in \mathbb{N}$) zu übertragen. Grund: Eine Division durch den Vektor h ist sinnlos.

Auch der Übergang zu $\dfrac{f(x_0 + h) - f(x_0)}{\| h \|}$ ($\|\cdot\|$ sei etwa die euklidische Norm

des $\mathbb{R}^n$, definiert durch $\|x\| = \sqrt{\sum_{i=1}^{n} x_i^2}$) ist kein vernünftiger Vorschlag, da im

eindimensionalen Fall ($\| h \| = | h |$) i.a.

$$\lim_{h \to 0} \frac{f(x_0 + h) - f(x_0)}{| h |} \neq \lim_{h \to 0} \frac{f(x_0 + h) - f(x_0)}{h}$$

ist, falls $\dfrac{f(x_0 + h) - f(x_0)}{| h |}$ überhaupt konvergiert (Beispiel: $f(x) = x^2$ in

$x_0 = 1$).

Der Aspekt der linearen Approximation erlaubt dagegen eine kanonische Übertragung auf den mehrdimensionalen Fall und führt in natürlicher Weise auf die klassischen Begriffe „Gradient" und „Funktionalmatrix":

Ausgangspunkt ist eine Analyse des Terms $f'(x_0) \cdot h$ in der Gleichung

$$r(h) = f(x_0 + h) - f(x_0) - f'(x_0) \cdot h$$

aus der Sicht der Linearen Algebra. Im affin-linearen Tangententerm $t_{x_0}(x_0 + h) = f(x_0) + f'(x_0) \cdot h$ ist $f'(x_0) \cdot h$ der echt lineare Anteil, genauer: gleich $l_{x_0}(h)$, wobei $l_{x_0} : \mathbb{R} \to \mathbb{R}$ definiert durch $h \mapsto f'(x_0) \cdot h$ die von der reellen Zahl $f'(x_0)$ erzeugte lineare Abbildung des $\mathbb{R}$-Vektorraums $\mathbb{R}$ in sich ist. Da jede lineare Abbildung von $\mathbb{R}$ in $\mathbb{R}$ so entsteht ($L(\mathbb{R}, \mathbb{R}) \cong \mathbb{R}$ vermöge $l \mapsto l(1)$)[1], bedeutet Differenzierbarkeit aus der Sicht der lokalen Linearisierung die Existenz einer linearen Abbildung l_{x_0}, so dass der Approximationsfehler

$$r(h) = f(x_0 + h) - f(x_0) - l_{x_0}(h)$$

der Bedingung $\lim\limits_{h \to 0} \dfrac{r(h)}{h} = 0$ genügt. Da diese Bedingung äquivalent ist mit

$\lim\limits_{h \to 0} \dfrac{r(h)}{|h|} = 0$ (Sonderstellung des Grenzwertes null!), wird man im Fall $f : \mathbb{R}^n \to \mathbb{R}^m$ zu folgender Übertragung geführt:

$f : D \to \mathbb{R}^m$ ($D \subset \mathbb{R}^n$ offen) *heißt in* $x_0 \in D$ *differenzierbar, wenn es eine lineare Abbildung* $l_{x_0} : \mathbb{R}^n \to \mathbb{R}^m$ *gibt, so dass der Approximationsfehler*

$$r(h) := f(x_0 + h) - f(x_0) - l_{x_0}(h) \qquad (x_0 + h \in D)$$

der Bedingung

$$\lim\limits_{h \to 0} \dfrac{r(h)}{\| h \|} = 0$$

genügt. l_{x_0} *heißt Ableitung von f an der Stelle* x_0 *und wird mit* $f'(x_0)$ *bezeichnet.*

---

[1] $L(X, Y) := \{\, l \mid l : X \to Y \;\; \text{linear} \}$ für Vektorräume X und Y.

Für $n = m = 1$ wird l_{x_0} durch die klassische Ableitung $f'(x_0) \in \mathbb{R}$ repräsentiert, für $m = 1$ durch den *Gradientenvektor* aus $\mathbb{R}^n$ und im allgemeinen Fall durch die *Funktionalmatrix* der partiellen Ableitungen.

Die Tragfähigkeit obiger Definition zeigt sich weiter darin, dass sie sich unmittelbar auch für eine Übertragung auf den unendlichdimensionalen Fall eignet.[1] Mit diesem Differenziationsbegriff für Abbildungen zwischen beliebigen normierten Räumen hat man dann die Schwelle zur Funktionalanalysis überschritten.

3.3.4 Eine historische Quelle

Für die unterrichtliche Erarbeitung des Linearisierungsaspekts eignet sich das folgende Zitat aus einer Vorlesung, die der Mathematiker Karl Weierstraß im Sommersemester 1861 am Königlichen Gewerbeinstitut zu Berlin gehalten hat und die von H.A. Schwarz aufgezeichnet wurde.[2]

> „Die vollständige Veränderung $f(x+h) - f(x)$, welche eine Funktion $f(x)$ dadurch erfährt, daß x in $x+h$ übergeht, läßt sich im allgemeinen in zwei Teile zerlegen, von denen der eine der Aenderung h des Argumentes proportional ist, also aus h und einem von h unabhängigen - in Bezug auf h constanten - Faktor besteht, ... der andere aber nicht bloß an und für sich unendlich klein wird, wenn h unendlich klein wird, d.h. noch unendlich klein wird, wenn man ihn mit h dividiert."

Aus diesen wenigen Zeilen lässt sich die Definition der Tangente als lokal linear Approximierende herausschälen, und zwar so, dass dem Lernenden zugleich deutlich wird, warum er es mit derselben Eigenschaft zu tun hat, die ihm vertraut ist (Ableitung als Grenzwert des Differenzenquotienten)[3].

Wie dies geschehen könnte, wollen wir im Folgenden zeigen.

---

[1] Damit in x_0 differenzierbare Funktionen dort auch stetig sind, wird man allerdings zusätzlich verlangen, dass der approximierende lineare Operator l_{x_0} auch stetig ist.

[2] Zitiert nach Dugac 1973.

[3] Und wie sie auch von Cauchy beschrieben wurde, vgl. 3.2.3.

Um Weierstraß auf die Spur zu kommen, bezeichnen wir die Stelle x wie gewohnt mit x_0 und übersetzen die beschriebene Zerlegung von $f(x_0 + h) - f(x_0)$ in eine Formel. Der erste Teil der Zerlegung ist proportional zu h, also von der Form

$$\alpha \cdot h$$

mit einer geeigneten Konstanten α.

Der verbleibende (Rest-)Teil hängt von h ab, wir nennen ihn $r(h)$. Er soll auch noch gegen null gehen, wenn man ihn durch h teilt, d.h.

(6) $\quad \dfrac{r(h)}{h} \to 0 \quad$ für $\quad h \to 0$.

Also bedeutet die Forderung von Weierstraß, dass der Zuwachs von f im Intervall $[x_0, x_0 + h]$ darstellbar ist in der Form

(7) $\quad f(x_0 + h) - f(x_0) = \alpha \cdot h + r(h)$,

wobei der Rest $r(h)$ der Bedingung (6) genügt.

Welche Bedeutung hat die Zahl α?

Dazu dividieren wir die Gleichung (7) durch h:

$$\frac{f(x_0 + h) - f(x_0)}{h} = \alpha + \frac{r(h)}{h}.$$

Da $\dfrac{r(h)}{h}$ für $h \to 0$ gegen null strebt (Forderung (6)), strebt der Differenzenquotient

$$\frac{f(x_0 + h) - f(x_0)}{h}$$

für $h \to 0$ gegen α. Also ist α gleich der bekannten Ableitung von f an der Stelle x_0:

$$\alpha = f'(x_0).$$

Damit ist gezeigt: Wenn eine Funktion f an einer Stelle x_0 der Weierstraßschen Eigenschaft genügt, so ist sie an dieser Stelle im vertrauten Sinne differenzierbar.

Existiert umgekehrt die Ableitung $f'(x_0)$ als Grenzwert des Differenzenquotienten, so ist die Differenz $f(x_0 + h) - f(x_0)$ im Sinne von Weierstraß zerlegbar: Als zu h proportionalen Anteil wählen wir

$$f'(x_0) \cdot h$$

und als Rest $r(h)$ die Differenz

$$f(x_0 + h) - f(x_0) - f'(x_0) \cdot h.$$

Dann ist in der Tat

(8) $\qquad f(x_0 + h) - f(x_0) = f'(x_0) \cdot h + r(h),$

und zu zeigen bleibt lediglich die Grenzwertforderung (6). Diese aber folgt aus (8) nach Division durch h,

$$\frac{f(x_0 + h) - f(x_0)}{h} = f'(x_0) + \frac{r(h)}{h},$$

wenn man noch beachtet, dass die linke Seite nach Voraussetzung für $h \to 0$ gegen $f'(x_0)$ strebt.

Damit ist gezeigt:

Beide Definitionen, die vertraute wie die von Weierstraß, beschreiben auf verschiedene Weisen dieselbe Güteeigenschaft einer Funktion, nämlich deren Differenzierbarkeit an einer Stelle x_0 ihres Definitionsbereichs.

Die vertraute Fassung des Ableitungsbegriffs bezieht sich auf das Verhalten des Differenzenquotienten und zielt auf das Grundverständnis als lokale Änderungsrate. Weierstraß bevorzugt die Sichtweise über die lokale lineare Approximation und zielt auf das lokale Wechselspiel von Funktion und Tangente. Zwischen beiden Auffassungen liegt ein knappes halbes Jahrhundert Entwicklung der Analysis. Wir meinen, dass man sich die Chance nicht entgehen lassen sollte, Schüler ein Stück weit an der historischen Entwicklung des Ableitungsbegriffs teilhaben zu lassen. Dies besonders dann, wenn man Originalbeiträge verwenden kann, die für die Schüler lesbar sind.[1]

Nach glänzendem Abitur soll der junge WEIERSTRAß in Bonn Kameralistik (Finanzwissenschaften) studieren. Angeödet von diesem Fach wendet er sich früh der Mathematik zu und wechselt gegen den Protest seines Vaters an die Universität Münster, um Mathematiklehrer zu werden. Mehr als zehn Jahre ist er in Westpreußen als Lehrer tätig, gleichzeitig forscht er trotz großer Arbeitsbelastung intensiv weiter.

Karl Theodor Wilhelm
WEIERSTRAß (1815-1897)

Portrait des alten
WEIERSTRAß

1856 erhält er endlich einen Ruf auf eine Professur in Berlin. Seine Vorlesungen ziehen zahlreiche Studenten an; er bevorzugt, seine Ideen dort und nicht in den Veröffentlichungen vorzustellen. Die Vorlesungsmitschrift von H.A. SCHWARZ ist dafür ein Beispiel.

Ständige Überarbeitung zerrüttet seine Gesundheit; mit 82 Jahren erliegt er schließlich einer Lungenentzündung.

---

[1] Für die vertraute Definition der Ableitung (lokale Änderungsrate) eignet sich das Zitat von Cauchy aus Abschnitt 3.2.3.

3.4 Zusammenfassung

Was ist in diesem Kapitel geschehen?

Zuerst wurde die schulklassische Einführung der Ableitung über das *Tangentenproblem* kritisch beleuchtet (Abschnitt 1). Sodann wurde die Deutung der Ableitung über die *lokale Änderungsrate* als zentral herausgearbeitet (Abschnitt 2). Schließlich haben wir die Auffassung der Tangente als Schmieggerade aufgegriffen und daraus die Sichtweise der *lokalen Linearisierung* gewonnen (Abschnitt 3). Beide Auffassungen sind von einer gemeinsamen Leitidee getragen: der Idee der *Änderung*.

Die folgende tabellarische Übersicht führt die üblichen Interpretationen zusammen:

	$\dfrac{f(x) - f(x_0)}{x - x_0}$	$f'(x_0)$
anwendungsbezogen	mittlere Änderungsrate	lokale Änderungsrate
geometrisch	Sekantensteigung	Tangentensteigung
algebraisch-analytisch	Differenzenquotient	Grenzwert des Differenzenquotienten

Schulübliche Interpretationen der Ableitung

Die senkrechte gestrichelte Linie der Tabelle markiert den Übergang zur *analytischen Begriffsbildung*. Hier liegen besondere Schwierigkeiten bei der unterrichtlichen Realisierung.

Die waagerechte gestrichelte Linie markiert den Übergang von der inhaltlichen Bedeutung zur *formalisierten Beschreibung*. Eine verfrühte Überschreitung im Unterricht gefährdet die Sinnfrage.

Wo lässt sich in der Tabelle der Aspekt der lokalen Linearisierung unterbringen? Der Eindruck, dass er sich in das Ordnungsschema der Tabelle nicht fügt, ist richtig und trifft den Kern: Die Sichtweise der lokalen Linearisierung hat die *absoluten* Änderungen der Funktion im Blick, während Tangentensteigung und lokale Änderungsrate sich auf die *relativen* Änderungen beziehen. Bei der lokalen Linearisierung kommt die *relative* Betrachtungsweise erst bei der Frage nach der Güte der Approximation über die Weierstraßsche Restbedingung ins Spiel. Wir geben daher zum Aspekt der Linearisierung eine eigene tabellarische Übersicht (s. nächste Seite).

In der Tabelle wird zeilenweise unterschieden zwischen der Näherung der Funktionswerte und der Näherung der Zuwächse (mit jeweils gleichem Fehler $r(h)$).

Erst die Frage nach der Güte des *relativen* Fehlers ($\frac{r(h)}{h} \to 0$) führt zum analytischen Kern des Linearisierungsaspekts.

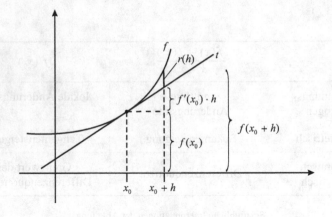

Werte der Funktion nahe x_0	werden genähert durch	≈	Werte der Tangente nahe x_0	Fehler der Näherung	Güte der Näherung für $h \to 0$
$f(x_0 + h)$		≈	$t(x_0 + h) = f(x_0) + f'(x_0) \cdot h$	$r(h) = f(x_0 + h) - f(x_0) - f'(x_0) \cdot h$	$\dfrac{r(h)}{h} \to 0$
Zuwächse der Funktion nahe x_0	werden genähert durch	≈	Zuwachs der Tangente nahe x_0	Fehler der Näherung	Güte der Näherung für $h \to 0$
$f(x_0 + h) - f(x_0)$ (Differenz Δy)		≈	$f'(x_0) \cdot h$ (Differenzial dy)	$r(h)$	$\dfrac{r(h)}{h} \to 0$

Ableitung: Die Sicht der lokalen Linearisierung

Welche analytischen Definitionen der Ableitung liegen hinter den beiden heraus-gearbeiteten Sichtweisen?

Den behandelten Aspekten zum Ableitungsbegriff liegen die folgenden analytischen Definitionen der Differenzierbarkeit zugrunde

(für eine Funktion $f : D \to \mathbb{R}$, $D \subset \mathbb{R}$, an der Stelle $x_0 \in D$)[1]:

Definition 1 *(über die lokale Änderungsrate)*

f heißt in x_0 differenzierbar, wenn der Grenzwert

$$\lim_{h \to 0} \frac{f(x_0 + h) - f(x_0)}{h}$$

existiert. Er heißt Ableitung von f an der Stelle x_0 und wird mit $f'(x_0)$ bezeichnet.

Definition 2 *(über die lokale lineare Approximation)*

f heißt in x_0 differenzierbar, wenn es eine Gerade t_{x_0} durch den Punkt $(x_0, f(x_0))$ gibt, so dass der Approximationsfehler

$$r(h) := f(x_0 + h) - t_{x_0}(x_0 + h) \qquad (x_0 + h \in D)$$

der Bedingung

$$\lim_{h \to 0} \frac{r(h)}{h} = 0$$

genügt. Die Steigung von t_{x_0} heißt Ableitung von f an der Stelle x_0 und wird mit $f'(x_0)$ bezeichnet.

Beide Definitionen sind mathematisch äquivalent[2], beleuchten aber unterschiedliche Standpunkte zur Differenzierbarkeit:

---

[1] Neben diesen beiden Definitionen hat noch eine weitere Eingang in den Analysisunterricht gefunden. Sie beruht allerdings auf dem Stetigkeitsbegriff und verlangt die stetige Ergänzbarkeit der Differenzenquotientenfunktion (vgl. hierzu etwa Herfort/Hattig 1978).

[2] Siehe etwa Danckwerts/Vogel 1986c, S. 14f.

Definition 1 betont die fundamentale Idee der *Änderungsrate* und beschreibt über das Verständnis der Ableitung als lokale Änderungsrate ein leistungsfähiges Instrument für die mathematische Modellbildung (Nähe zur Grunderfahrung G1). Sie ist zugleich der analytische Hintergrund für die geometrische Deutung der Ableitung als Tangentensteigung.

Definition 2 betont die fundamentale Idee des *Approximierens* und beschreibt über das Verständnis der Ableitung als Steigung der bestapproximierenden Geraden das lokale Wechselspiel von Funktion und Tangente. Diese (eher theoretische) Sicht eröffnet vielfältige Perspektiven für einen verständigen Umgang mit dem Ableitungsbegriff (Nähe zur Grunderfahrung G2).

Der Aspekt der lokalen Linearisierung ist historisch jünger und abstrakter. Zwei Gründe sprechen dafür, eine Erstbegegnung mit dem Ableitungsbegriff am Aspekt der lokalen Änderungsrate zu orientieren: die enorme Bedeutung dieses Aspekts für die Anwendungen und die suggestive geometrische Deutung als Tangentensteigung. Der Begriff der Ableitung im Grundverständnis der lokalen Änderungsrate ist zudem – wie das Beispiel der Momentangeschwindigkeit gezeigt hat – ein typischer Beitrag zur Integration der drei Grunderfahrungen G1 bis G3 und dadurch als verbindlicher Inhalt didaktisch legitimiert (vgl. Leitlinie L2 aus Kap. 1.2).

Aufgaben

1. Jemand definiert die lokale Änderungsrate von f an der Stelle x_0 durch den

   Grenzwert $\lim\limits_{h \to 0} \dfrac{f(x_0 + h) - f(x_0 - h)}{2h}$.

   Ist dies gleichwertig mit der vertrauten Definition, und wie ist es geometrisch zu interpretieren?

2. Man zeige: Ist f lokal um x_0 darstellbar in der Form

   $$f(x_0 + h) = f(x_0) + m \cdot h + r(h)$$

   mit einer geeigneten Zahl m und der Restbedingung

   $$|\, r(h)\,| \le k \cdot h^2, \quad k \text{ konstant,}$$

   so ist f in x_0 differenzierbar und $m = f'(x_0)$.

   Zur Erläuterung: Dieser Differenzierbarkeitsbegriff eröffnet die Möglichkeit, den Fehler der lokalen Linearisierung abzuschätzen.

   Zeigen Sie außerdem, dass umgekehrt nicht jede in x_0 differenzierbare Funktion in dieser Weise darstellbar ist.

   (Man untersuche das Beispiel $f(x) = x\sqrt{|\,x\,|}$ an der Stelle $x_0 = 0$.)

Aufgaben für den Unterricht

3. Das Volumen eines Zylinders mit dem Radius r und der Höhe h ist $V(r,h) = \pi r^2 h$.

   a) Wie groß ist die lokale Änderungsrate von V in Abhängigkeit von r bei festem h, wie groß die von V in Abhängigkeit von h bei festem r?

   b) Inwiefern geben die Ergebnisse aus Teil a) die Erfahrung mit dem Füllen zylindrischer Gefäße wieder?

   c) Gegeben sei ein zylindrisches Gefäß der Höhe $h = 20$ cm. Wie groß ist die lokale Änderungsrate seines Fassungsvermögens bezogen auf seinen Radius für die Radien $r = 1$ cm (5 cm; 10 cm; 50 cm)?

   d) Diesmal variiere die Höhe bei konstantem Radius des Gefäßes. Man nehme die Maße aus c) nach Vertauschen von h und r.

4. Wie groß ist der Fehler $r(x)$ der Näherung

a) $(1+x)^2 \approx 1+2x$

b) $(1+x)^3 \approx 1+3x$?

Man bestätige, dass $\dfrac{r(x)}{x}$ für $x \to 0$ gegen null geht.

4 Der Integralbegriff

Nach einem kurzen, kritischen Blick in die unterrichtliche Praxis der Integralrechnung (Abschnitt 4.1) ist es unser Ziel, eine Begriffs*entwicklung* des Integralbegriffs zu skizzieren. Im Mittelpunkt steht das Interesse, tragende inhaltliche Aspekte des Begriffs herauszuarbeiten. Zentral ist das Grundverständnis vom *Integrieren als Rekonstruieren* (Abschnitt 4.2), daneben tritt der Aspekt des *Integrierens als Mitteln* (Abschnitt 4.3). Der Wunsch, sich von der Bindung an den naiven Flächeninhaltsbegriff zu lösen, eröffnet die Perspektive einer *analytischen Präzisierung* des Integralbegriffs (Abschnitt 4.4). Das Kapitel schließt mit einer *Zusammenfassung* mit Übersichten zu Entwicklung, Aspekten und Vorstellungen zum Integralbegriff (Abschnitt 4.5).

Wie beim Begriff der Ableitung wird sich zeigen, dass auch der Integralbegriff einen substanziellen Beitrag zur Integration der drei Grunderfahrungen G1 bis G3 leistet.

4.1 Ein Blick in die Praxis

Gegeben sind die Funktion f mit $f(x) = \dfrac{2x^4 - 7x^2 + 3}{x^3}$, $x \neq 0$ *und die Gerade g mit* $y = -2x$. *Berechne den Inhalt der Flächen, die der Graph von f und die Gerade g einschließen.*

Diese Aufgabe zur Integralrechnung als Teil einer komplexen Analysis-Aufgabe im Abitur ist nicht untypisch. Als wesentliches Ziel im Unterricht gilt häufig die Fähigkeit, die Maßzahlen von Flächen berechnen zu können, die gewisse Kurven mit der x-Achse (oder mit anderen Kurven) einschließen. Eine Verengung auf dieses Ziel kann dazu beitragen, einen zentralen Grundgedanken beim Integralbegriff aus dem Blick zu verlieren:

Das Integral *bilanziert* Flächen, es ist ein *orientierter* Flächeninhalt. Vermutlich ist es nicht zuletzt auf die Unterrichtstradition zurückzuführen, wenn Deutschland

94

in der berühmten internationalen Vergleichsstudie TIMSS[1] bei der folgenden Aufgabe nur unterdurchschnittlich abschnitt.

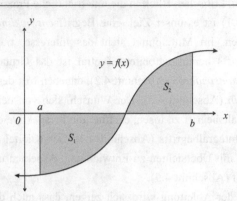

S_1 *ist der Inhalt der Fläche, die von der x-Achse, der Geraden* $x = a$ *und dem Graphen von* f *eingeschlossen wird,*

S_2 *der Inhalt der Fläche, die von der x-Achse, der Geraden* $x = b$ *und dem Graphen von* f *eingeschlossen wird.*

Es ist $a < b$ *und* $0 < S_2 < S_1$ *.*

Der Wert des Integrals $\int\limits_a^b f(x)\, dx$ *ist dann*

A. $S_1 + S_2$

B. $S_1 - S_2$

C. $S_2 - S_1$

D. $|S_1 - S_2|$

E. $\frac{1}{2}(S_1 + S_2)$

(Antwort C ist richtig, und nicht A!)

Die *begriffliche* Seite des Integrals gilt zu Recht als schwer zugänglich. Sie den Schülern zu erschließen bleibt eine anspruchsvolle Aufgabe des Analysisunterrichts.

---

[1] Third International Mathematics and Science Study (TIMSS), hier für die gymnasiale Oberstufe, vgl. Baumert/Bos/Lehmann 1999. – Insgesamt erreichte Deutschland nur einen Platz im unteren Mittelfeld.

Wird die analytische Definition des (Riemann-) Integrals zu früh angesteuert, etwa über den Grenzwert von Untersummen (oder Obersummen),

$$\int_a^b f := \lim U_n,$$

so wird damit in der Regel nicht ernsthaft gearbeitet, und es kommt dann leicht zu einem „Mißverhältnis von begrifflichem und terminologischem Anspruch gegenüber dem realisierten Niveau der Diskussion"[1]. Überdies wird oft nicht sorgfältig zwischen *Berechnung* und *Definition* des Integrals unterschieden.

Verlockend erscheint der Weg, von den Stammfunktionen auszugehen und letztlich den Hauptsatz zur Definition zu machen,

$$\int_a^b f := F(b) - F(a) \quad \text{mit} \quad F' = f \quad .$$

Alle Eigenschaften des Integrals (bis hinauf zum Mittelwertsatz der Integralrechnung) lassen sich dann mühelos aus entsprechenden Sätzen der Differenzialrechnung folgern. Doch sprechen zwei gewichtige Argumente gegen diesen Weg: Erstens ist er ein Musterbeispiel für eine antididaktische Inversion im Sinne Freudenthals[2] (hier wird etwas, das im ursprünglichen Verständnis der Theorie ein tiefliegender Satz ist, zur Definition degradiert). Zweitens ist er auch mathematisch problematisch, denn „integrierbar sein" und „eine Stammfunktion besitzen" sind verschiedene Eigenschaften einer Funktion und sollten nicht gleichgesetzt werden.[3]

---

[1] Kirsch 1976, S. 88

[2] Vgl. Freudenthal 1973, S. 100.

[3] So ist etwa $f\colon [0,2] \to \mathbb{R}$ mit $x \to \begin{cases} 0 & \text{für } x < 1 \\ 1 & \text{sonst} \end{cases}$ Riemann-integrierbar, hat aber keine Stammfunktion. Umgekehrt besitzt

$$f := g' \quad \text{mit} \quad g(x) = \begin{cases} x^2 \sin\dfrac{1}{x^2} & \text{für } x \neq 0 \\ 0 & \text{für } x = 0 \end{cases} \quad \text{auf } [0,1]$$

nach Konstruktion eine Stammfunktion, ist jedoch nicht Riemann-integrierbar, da f nicht einmal beschränkt ist.

Beide Zugänge negieren im Übrigen die ontologische Bindung an den Flächeninhalt und haben sich unterrichtlich nicht durchgesetzt.

Ein dritter Weg, der ausgehend von der Präexistenz des Inhalts die Eigenschaften der Flächeninhaltsfunktion untersucht, findet seit geraumer Zeit zunehmend Beachtung in der Literatur und Schulbuchentwicklung.[1] Das Konzept macht den Hauptsatz früh verfügbar und ist zugleich offen für eine spätere Präzisierung.[2] Die unterrichtliche Realisierung bleibt auch hier anspruchsvoll, und nicht selten wird die konzeptionelle Idee verkürzt auf die kalkülmäßige Bestimmung von Flächeninhalten. Die Ergebnisse bei der eingangs vorgestellten TIMSS-Aufgabe können dann nicht überraschen.

4.2 Integrieren heißt Rekonstruieren

4.2.1 Grundverständnis

Für das Grundverständnis vom *Integrieren als Rekonstruieren* ist das folgende Beispiel paradigmatisch.

> Versetzen wir uns in folgende Situation: In eine leere Badewanne wird eine gewisse Zeit lang Wasser eingelassen, dann die Wasserzufuhr gestoppt, gleichzeitig der Abfluss geöffnet und nach einer Weile wieder geschlossen.
>
> So etwa ließe sich das Ganze modellieren:

---

[1] Dieser Weg geht zurück auf grundlegende Beiträge von A. Kirsch (beginnend mit Kirsch 1976).

[2] Die im weiteren Verlauf dieses Kapitels skizzierte Begriffsentwicklung zum Integralbegriff folgt im Kern diesem Weg.

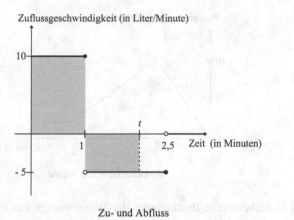

Zu- und Abfluss

Wie lässt sich aus der Kenntnis der Zuflussgeschwindigkeit auf die Wassermenge V in der Wanne zu einem beliebigen Zeitpunkt t schließen?

Innerhalb der ersten Minute nimmt die Wassermenge V zu, in den darauf folgenden eineinhalb Minuten nimmt sie ab, danach ist sie konstant. Für einen Zeitpunkt t während der Zuflussphase ist die bis dahin zugeflossene Wassermenge gleich dem Produkt

10 Liter/Minute $\cdot$ t Minuten = $10\,t$ Liter.

Für einen Zeitpunkt t während der Abflussphase ist von den in der ersten Minute zugeflossenen 10 Litern jene Menge abzuziehen, die wieder abgeflossen ist, das ergibt

$10 - 5\,(t - 1)$ Liter.

Die Wassermenge V in der Wanne in Abhängigkeit von der Zeit t ist damit beschrieben durch

$$V(t) = \begin{cases} 10t & \text{für } 0 \le t \le 1 \\ 10 - 5(t-1) & \text{für } 1 < t \le 2,5 \\ 2,5 & \text{für } t > 2,5 \end{cases}$$

98

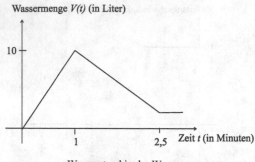

Wassermenge *V(t)* (in Liter)

Zeit *t* (in Minuten)

Wasserstand in der Wanne

Die rechnerische Bestimmung der Wassermenge hat eine nahe liegende *geometrische Deutung* von großer Tragweite: Die berechneten Produkte $10 \cdot t$ und $5 \cdot (t-1)$ sind Rechteckinhalte, und in der Gesamtbilanz bis zu einem Zeitpunkt t werden oberhalb der Zeitachse liegende Inhalte *positiv* und unterhalb liegende *negativ* gezählt. So gesehen ist $V(t)$ eine Summe vorzeichenbehafteter Rechteckinhalte, kurz: ein *orientierter Flächeninhalt*.

Blicken wir zurück: Aus der Kenntnis der Zuflussgeschwindigkeit des Wassers zu jedem Zeitpunkt haben wir auf die Wassermenge in der Wanne zu jedem Zeitpunkt zurückgeschlossen. Da die Zuflussgeschwindigkeit nichts anderes ist als die Ableitung $V'(t)$ (momentane Änderungsrate der Wassermenge), haben wir aus der Kenntnis der Änderungsrate V' die Funktion V wiederhergestellt (rekonstruiert). Das lateinische Wort für Wiederherstellen ist „integrare". So wird verständlich, weshalb man den obigen Rekonstruktionsprozess *Integrieren* nennt.

Das Beispiel besitzt zwei entscheidende Vorzüge:

1. Es öffnet für das Grundverständnis vom *Integrieren als Rekonstruieren*.

2. Es verankert früh die Vorstellung vom Integral als **orientiertem Flächeninhalt**.[1]

---

[1] Die fortgesetzte Berechnung von Flächeninhalten, die gewisse Kurven mit der x-Achse einschließen – ein etabliertes Ritual im Analysisunterricht –, ist für ein adäquates Verständnis des Integralbegriffs eher hinderlich. Der für Anwendungskontexte zentrale Gedanke der Bilanzierung von Flächen geht dann unter.

Im Folgenden zeigen wir, wie eine Variation des Beispiels zu einer vertieften Auseinandersetzung des Rekonstruktionsaspektes führt, die bis zum Kern des analytischen Integralbegriffs reicht.

Die Zuflussgeschwindigkeit $V'(t)$ des Wassers sei jetzt nicht mehr stückweise konstant, sondern verlaufe etwa so:

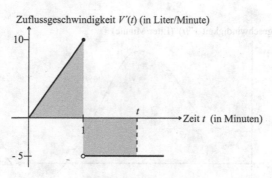

Nichtkonstanter Zufluss

(Man stelle sich etwa vor, dass der Wasserhahn gleichmäßig immer weiter geöffnet wird.)

Zur Rekonstruktion des Wasservolumens berechnen wir den orientierten Flächeninhalt bis zum Zeitpunkt t:

$$V(t) = \begin{cases} \frac{1}{2} \cdot t \cdot 10t & \text{für } 0 \le t \le 1 \\ \frac{1}{2} \cdot 10 - (t-1) \cdot 5 & \text{für } t > 1 \end{cases}$$

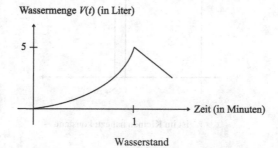

Wasserstand

STOPP!

Hier haben wir kühn (und dennoch richtig) unterstellt, dass wir wie im Falle konstanter Zuflussgeschwindigkeit verfahren können. *Wie ist das zu rechtfertigen?* Wir rechtfertigen unser Vorgehen gleich für den allgemeinen Fall eines beliebigen (nicht unbedingt linearen) Verlaufs der Zuflussgeschwindigkeit.[1]

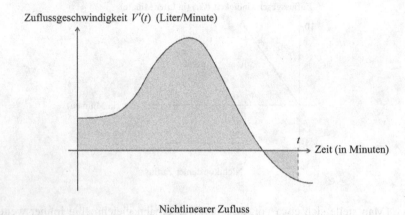

Nichtlinearer Zufluss

Die zündende (und für die Analysis typische) Idee besteht darin, dass die Zuflussgeschwindigkeit im Kleinen, d.h. in genügend kleinen Zeitintervallen, als nahezu konstant betrachtet werden kann. In jedem dieser Teilintervalle kann man dann wie oben verfahren:

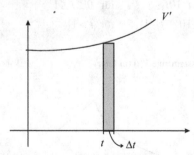

V' ist im Kleinen nahezu konstant.

---

[1] Im Kontext des Badewannenbeispiels könnte man sich etwa vorstellen, dass jemand an Zuflusshahn und Abflussstöpsel herumspielt.

Was trägt V' im Zeitintervall Δt zum Gesamteffekt bei? Da V' die momentane Änderungsrate von V ist, gilt für kleine Δt in guter Näherung

$$V'(t) \approx \frac{\Delta V}{\Delta t},$$

also

$$\Delta V \approx V'(t) \cdot \Delta t.$$

Dies ist der Zuwachs der Wassermenge im Zeitintervall Δt, geometrisch zu deuten als kleiner (orientierter) Rechteckinhalt.

Zur Rekonstruktion der Wassermenge zu einem beliebigen Zeitpunkt t sind die Zuwächse längs aller Teilintervalle, in die das Intervall $[0, t]$ zerlegt gedacht war, aufzusummieren:

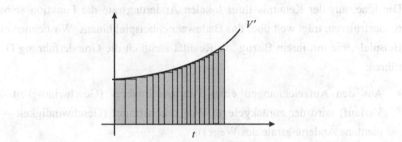

Die Summe der genäherten Zuwächse

Der rekonstruierte Wert $V(t)$ ist damit geometrisch zu deuten als Summe aller dieser kleinen (orientierten) Rechteckinhalte, die sich augenscheinlich bei genügend kleiner Streifenbreite beliebig wenig von dem (orientierten) Inhalt unter V' unterscheidet. Diese Plausibilisierung rechtfertigt unser Vorgehen auch im nicht-konstanten Fall: Die Rekonstruktion von $V(t)$ gelingt dadurch, dass man den orientierten Flächeninhalt berechnet, den V' mit der Zeitachse zwischen 0 und t einschließt.[1]

---

[1] Wir meinen, dass eine Erstbegegnung mit dem Integralbegriff über diese (inhaltlich nicht verfälschende) Plausibilisierung nicht hinausgehen sollte. Ein verfrühter analytischer Ehrgeiz ist eher hinderlich für die Entwicklung guter intuitiver Vorstellungen. Im Übrigen wird damit das heuristische Arbeiten gestärkt (Grunderfahrung G3). Darüber hinaus enthält diese Plausibilisierung den Keim für eine analytische Fundierung des Integralbegriffs (s. Abschnitt 4.4).

Wir fassen zusammen: Kennt man die lokale Änderungsrate einer Funktion in einem Intervall, so lassen sich dort die Werte der Funktion rekonstruieren. Die rekonstruierten Funktionswerte (das sind die Integrale) sind interpretier- und berechenbar als *orientierte Flächeninhalte*.

Diesem Grundverständnis vom *Integrieren als Rekonstruieren* unterliegen die Vorstellungen vom *Kumulieren* und vom *Gesamteffekt*: Die Rekonstruktion von V an der Stelle t wird verstanden als Gesamteffekt, den die bekannte Änderungsrate V' bis zur Stelle t hat. Dieser entsteht durch Kumulieren aller Teileffekte von V' längs kleiner Teilintervalle.[1]

4.2.2 Von der Berandung zur Integralfunktion

Die Idee, aus der Kenntnis ihrer lokalen Änderungsrate die Funktion selbst zu rekonstruieren, trägt weit über das Badewannenbeispiel hinaus. Wir nennen einige Beispiele, die mit ihrem Bezug zur Realität sämtlich die Grunderfahrung G1 berühren:

- Aus den Aufzeichnungen eines Fahrtenschreibers (Geschwindigkeits-Zeit-Verlauf) wird der zurückgelegte Weg rekonstruiert (Geschwindigkeit = momentane Änderungsrate des Weges).

- Aus der Kenntnis der Beschleunigung einer Rakete zu jedem Zeitpunkt wird ihr Geschwindigkeitsverlauf rekonstruiert (Beschleunigung = momentane Änderungsrate der Geschwindigkeit).

- Aus der Ausbreitungsgeschwindigkeit einer Epidemie wird auf die Anzahl der Infizierten geschlossen (Ausbreitungsgeschwindigkeit = momentane Änderungsrate der Zahl der Infizierten).

- Die Stärke des Stroms, der einem Akku entnommen oder zugeführt wird, lässt Rückschlüsse auf seinen Ladezustand zu (Stromstärke = momentane Änderungsrate der Ladungsmenge).

---

[1] Dieser Sichtweise folgt zum Beispiel der Unterrichtsvorschlag Henn 2000b.

- Aus der Kenntnis des Grenzsteuer-Verlaufs (in Abhängigkeit des zu versteuernden Jahreseinkommens) kann man auf den Einkommensteuersatz zurückschließen (Grenzsteuer = lokale Änderungsrate der Einkommensteuer).

Die zu rekonstruierende Größe lässt sich in allen diesen Beispielen wie bei der Badewanne als orientierter Flächeninhalt interpretieren. Das allen Beispielen Gemeinsame, gleichsam der mathematische Kern, ist der Übergang von der Ausgangsfunktion g' zur Rekonstruierten g. Die Funktionswerte der Rekonstruierten, hier $g(x)$, sind jeweils *orientierte* Inhalte der Fläche, die g' mit der x-Achse vom Startwert bis zur Stelle x einschließt.

Da der Übergang zum orientierten Inhalt nicht daran gebunden ist, dass die berandende Funktion Ableitung einer anderen ist, liegt es nahe, den Übergang von dieser Voraussetzung zu lösen.[1] So gelangt man zur *Integralfunktion*:

Zu einer Berandung $f : [a, b] \to \mathbb{R}$ *gehört die* Integralfunktion I_a, *die jedem* $x \in [a, b]$ *den orientierten Inhalt der Fläche zuordnet, die f mit der x-Achse zwischen a und x einschließt.*

Die Funktionswerte der Integralfunktion heißen Integrale.

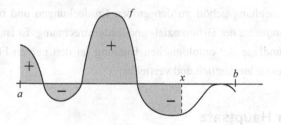

$I_a(x) :=$ (Summe der Inhalte aller *oberhalb* der x-Achse gelegenen Flächenstücke zwischen a und x)
$-$ (Summe der Inhalte aller *unterhalb* der x-Achse gelegenen Flächenstücke zwischen a und x)

Diese Definition beruht auf der Annahme, dass die Existenz und Eindeutigkeit des Inhalts der betrachteten Flächen unproblematisch und gesichert ist (*Präexistenz*

---

[1] Solche Abstraktionen sind typisch für die Denk- und Arbeitsweise der Mathematik. Sie sind, wie auch hier, oft Ausgangspunkt für eine fruchtbare Theorieentwicklung und gehören zu einem gültigen Bild von der Mathematik (Grunderfahrung G2).

104

des Inhalts) [1]. Inzwischen ist breit akzeptiert, die Integralrechnung in der Schule auf diese Grundlage zu stellen.[2]

In den bisher betrachteten Sachkontexten kamen wir von der Berandung g', und die Integralfunktion lieferte die rekonstruierte Funktion g.

$$\text{Berandung} \qquad\qquad \text{Integralfunktion}$$
$$g' \qquad \overset{\frown}{}\!\!\longrightarrow \qquad I_a = g$$

Die nahe liegende Frage ist: In welchem Sinne ist die Integralfunktion nach wie vor „Rekonstruierte", auch wenn die Berandung nicht bereits als Ableitung gegeben ist?

Im Spezialfall der Berandung g' war die Rekonstruierte die Funktion, deren Ableitung mit der Berandung übereinstimmte:

$$I_a' = \text{Berandung} = g', \text{wegen } I_a = g \quad.$$

Daher ist die Vermutung vernünftig, dass auch im allgemeinen Fall die Integralfunktion diese Eigenschaft hat:

$$I_a' = \text{Berandung} = f \quad.$$

Dieser Zusammenhang gehört zu den großen Entdeckungen und trägt zu Recht den Namen *Hauptsatz* der Differenzial- und Integralrechnung. Er ist – auf der hier gewählten Grundlage der ontologischen Bindung an den naiven Flächeninhaltsbegriff – elementar zugänglich und verstehbar.

4.2.3 Der Hauptsatz

Die Aussage des Hauptsatzes, dass die Ableitung der Integralfunktion zur berandenden Funktion zurückführt, ist auch an unserem Badewannenbeispiel abzulesen.

---

[1] Die Allgemeinheit des Funktionsbegriffs lässt Beispiele zu, in denen dies keineswegs selbstverständlich ist, z. B. die Dirichlet-Funktion $f(x) = \begin{cases} 0 & \text{für rationale } x \\ 1 & \text{für irrationale } x \end{cases}$.

[2] Für diese Sicht hat A. Kirsch schon vor Jahrzehnten nachhaltig geworben (vgl. Kirsch 1976). Nach aller Erfahrung ist dieser Punkt für Schüler selbstverständlich.

Dazu stellen wir die Funktionsterme der Zuflussgeschwindigkeit (Berandung V') und des rekonstruierten Wasservolumens (Integralfunktion $I_0 = V$) jeweils gegenüber:

$$V'(t)=\begin{cases} 10 & \text{für } 0\le t\le 1 \\ -5 & \text{für } 1<t\le 2,5 \\ 0 & \text{für } t>2,5 \end{cases} \qquad I_0(t)=V(t)=\begin{cases} 10t \\ -5t+15 \ ... \\ 0 \end{cases}$$

bzw. für die Variante

$$V'(t)=\begin{cases} 10\,t & \text{für } 0\le t\le 1 \\ -5 & \text{für } t>1 \end{cases} \qquad I_0(t)=V(t)=\begin{cases} 5t^2 \\ -5t+10 \ ... \end{cases}$$

In der Tat gilt in beiden Fällen $I_0' = $ Berandung, was hier nichts Neues liefert, da die Berandung bereits lokale Änderungsrate war!

Dass der Zusammenhang

Ableitung der Integralfunktion = Berandung

generell gilt, bedarf der Begründung, und diese ist (zumindest für monotone Berandungen) direkt zugänglich. Wir skizzieren die Argumentationslinie:

Uns muss das Änderungsverhalten der Integralfunktion interessieren[1]:

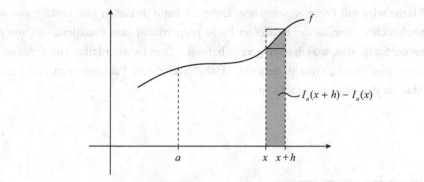

Zuwachs der Integralfunktion

---

[1] Um den technischen Aufwand gering zu halten, arbeitet man zweckmäßig mit einer positiven Berandung.

Der absolute Zuwachs von I_a , also das Flächenstück $I_a(x+h)-I_a(x)$, lässt sich durch Rechteckflächen abschätzen:

$$f(x) \cdot h \leq I_a(x+h)-I_a(x) \leq f(x+h) \cdot h .$$

Für den relativen Zuwachs von I_a (die mittlere Änderungsrate) folgt dann (für $h > 0$)

(1) $f(x) \leq \dfrac{I_a(x+h)-I_a(x)}{h} \leq f(x+h)$.

Jetzt erkennt man: Die Integralfunktion I_a hat sicher dann an der Stelle x die vermutete Eigenschaft $I_a'=f$, wenn $f(x+h)$ für $h \to 0$ gegen $f(x)$ strebt, d.h. wenn f an der Stelle x stetig ist.[1] Dann nämlich folgt aus der Abschätzung (1)

$$f(x) \leq \lim_{h \to 0} \frac{I_a(x+h)-I_a(x)}{h} \leq f(x) ,$$

also ist die lokale Änderungsrate der Integralfunktion gleich dem Funktionswert der Berandung, d.h.

$$I_a'(x) = f(x) .$$

Dies ist der Kern des geometrisch orientierten Beweisarguments zum Hauptsatz.

Eng verknüpft mit diesem Beweisargument ist die folgende kinematische Vorstellung von der Aussage des Hauptsatzes:[2] „Ich stelle mir vor, die von f berandete Fläche wird mit Farbe angestrichen. Gehe ich beim Streichen gleichmäßig von a nach rechts, so muss der Bedarf an Farbe proportional zum Funktionswert von f an der Stelle sein, wo ich mich gerade befinde." Dies ist unmittelbar einleuchtend, wenn man sich klar macht, dass die „Höhe" von f (der Funktionswert $f(x)$) ein Maß für den Flächenzuwachs ist.

---

[1] Es ist nicht notwendig, dass der Stetigkeitsbegriff bereits verfügbar ist. Im Gegenteil: Hier ist eine inhaltlich bedeutsame Gelegenheit, der Stetigkeit als analytischer Güteeigenschaft in natürlicher Weise (vielleicht erstmals) zu begegnen und damit für diesen wichtigen Begriff zu öffnen.

[2] Vgl. hierzu Kirsch 1996.

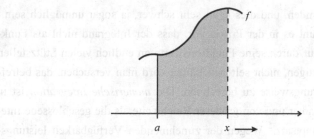

Anstreichen der Fläche unter f

Neben der für den Unterricht wichtigeren geometrisch-inhaltlichen Perspektive steht die analytische Sicht, in der der Hauptsatz oft so ausgesprochen wird.

Ist $f: [a,b] \to \mathbb{R}$ in $x \in [a,b]$ stetig, so ist die Integralfunktion I_a dort differenzierbar, und es gilt

$$I_a{}'(x) = f(x).$$

Kurz: Die Integralfunktion ist eine Stammfunktion der Berandung.

Diese Sichtweise entfaltet ihren vollen Sinn allerdings erst dann, wenn Stetigkeit, Differenzierbarkeit und Integrierbarkeit als analytisch definierte Begriffe verfügbar sind; ein Programm, das den allgemeinbildenden Auftrag des Analysisunterrichts übersteigt.

Die schulische Bedeutung des Hauptsatzes liegt nach wie vor darin, dass er ein leistungsfähiges Instrument zur Berechnung von Integralen bereithält:

Integralfunktionen lassen sich finden, indem man irgendeine Stammfunktion F von f sucht und die Differenz

$$I_a(x) = F(x) - F(a) , \ x \in [a,b]$$

berechnet.

Diese elegante Möglichkeit, Integralfunktionen und insbesondere Integrale zu finden, wird häufig überschätzt.[1] Schließlich ist man darauf angewiesen, eine

---

[1] Die weite Verbreitung von Computer-Algebra-Systemen (CAS-Rechner) verstärkt diese Tendenz.

Stammfunktion zu finden, und dies kann sehr schwer, ja sogar unmöglich sein.[1] Darüber hinaus kommt es in der Praxis vor, dass der Integrand nicht als Funktionsterm, sondern nur durch seine Funktionswerte an endlich vielen Stützstellen gegeben ist. In derartigen, nicht seltenen Fällen wird man versuchen, das betreffende Integral näherungsweise zu berechnen. Die *numerische Integration* ist in der Tat weit bedeutsamer und von größerer Reichweite als die geschlossene Integration über den Hauptsatz.[2] Wegen der zunehmenden Verfügbarkeit leistungsfähiger Rechner (auch für den Unterricht) gewinnt dieser Sachverhalt an Gewicht.

4.2.4 Zusammenschau

Welche Stadien haben wir unter dem Aspekt *Integrieren heißt Rekonstruieren* durchlaufen?

Im *ersten Schritt* wurde im unmittelbaren Wortsinn rekonstruiert: Aus der Kenntnis der lokalen Änderungsrate haben wir die Funktion selbst wiederhergestellt (integrare = wiederherstellen). Dies gelang durch den Übergang zur Integralfunktion, geometrisch repräsentiert durch den orientierten Flächeninhalt. Paradigmatisch für diesen Prozess der Rekonstruktion war das Badewannenbeispiel.

Im *zweiten Schritt* haben wir den Übergang zur Integralfunktion von der Voraussetzung gelöst, dass die Berandung lokale Änderungsrate ist, und gefragt, in welchem Sinne die Integralfunktion – definiert als orientierter Inhalt – immer noch „Rekonstruierte" ist. Die Antwort gab der Hauptsatz! Dieser besagt nämlich, dass die lokale Änderungsrate der Integralfunktion gleich der Berandung ist,

$$I_a' = f \ .$$

Die Integralfunktion I_a hat damit dieselbe Eigenschaft wie vorher im ersten Schritt die Rekonstruierte: Dort wurde von der Berandung g' ausgegangen und $I_a = g$ rekonstruiert mit der offensichtlichen Beziehung $I_a' = g' =$ Berandung. Hier starten wir mit einer allgemeinen Berandung f und kommen über den

---

[1] Man denke nur an die Dichte der Normalverteilung $f(x) = e^{-x^2}$.

[2] Eine erste Begegnung mit dem numerischen Integrieren ermöglicht etwa Danckwerts/Vogel 1991, Kap. 8.2.

Hauptsatz zu derselben Beziehung $I_a' = f$ = Berandung. Dies berechtigt auch hier, die Integralfunktion als Rekonstruierte aufzufassen.

Der Hauptsatz hat also das Verständnis von dem, was Rekonstruieren heißt, erweitert.

Die hier entfaltete Perspektive auf die Idee der Rekonstruktion trägt noch weiter:

1. Der Hauptsatz zeigt, dass Differenzieren (als Bilden der lokalen Änderungsrate) und Integrieren (als Rekonstruieren) Umkehroperationen sind:

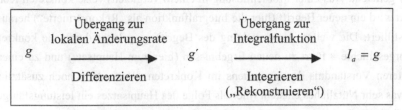

Erster Schritt

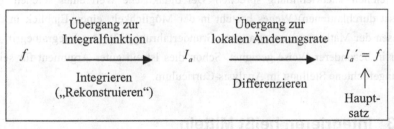

Zweiter Schritt

2. Der Hauptsatz zeigt, dass *jedes* (stetige) f als lokale Änderungsrate einer Funktion aufgefasst werden kann (f ist nach dem Hauptsatz die Ableitung ihrer Integralfunktion!). Das bedeutet, dass kinematische Beispiele wie die Badewanne nicht nur spezielle Situationen repräsentieren, sondern den allgemeinen Fall tragen: *Jede (stetige) Berandung ist Ableitung.*

3. Im Laufe unserer Betrachtungen ist der Begriff der Rekonstruierten schrittweise abstrakter geworden. Zunächst wurde zu vorgelegtem g' die Ursprungsfunktion g konkret rekonstruiert. Dann wurde im Falle allgemeiner Berandung die Rolle der Rekonstruierten durch die Integralfunktion über-

nommen, was der Hauptsatz rechtfertigt. Und schließlich ist es nur noch ein kleiner Schritt, jede Funktion F, die der Hauptsatz-Beziehung

$$F' = f$$

genügt, auch als Rekonstruierte von f anzusehen. So betrachtet ist der vertraute Begriff der Stammfunktion in den Kontext der Rekonstruktionsidee eingebunden.

Die Zusammenschau hat etwas Typisches für das mathematische Arbeiten sichtbar gemacht: Aus einer Problemlösung in einem vergleichsweise konkreten Kontext wird ein neuer Begriff (hier die Integralfunktion als „Rekonstruierte") herausdestilliert. Die weitere Untersuchung des Begriffs – geleitet durch die konkrete Vorgeschichte – führt zu neuen Ergebnissen (hier zum Hauptsatz) und zu einem tieferen Verständnis des Vorgehens im Konkreten. Wenn dann noch zusätzlich etwas sehr Nützliches entsteht (hier als Folge des Hauptsatzes ein leistungsfähiger Kalkül zur Berechnung von Integralen), dann kann man zu Recht von einer erfolgreichen Theoriebildung sprechen. Der didaktische Wert eines solchen (bewusst durchlaufenen) Weges besteht in der Möglichkeit, einen Einblick in das Wesen der Mathematik zu erlangen (Grunderfahrung G2). Der Integralbegriff ist hier in besonderer Weise geeignet. Schon dies ist ein gutes Argument für seine unangefochtene Stellung im Analysis-Curriculum.

4.3 Integrieren heißt Mitteln

4.3.1 Grundverständnis

Der Aspekt des Integrierens als Mitteln ist weniger bekannt und spielt im Unterricht kaum eine Rolle. Andererseits ist das Mitteln eine im Alltagsdenken tief verankerte Grundvorstellung und kann zur inhaltlichen Verankerung des Integralbegriffs wesentlich beitragen. Selbst wenn im Unterricht dieser Aspekt nicht eigens thematisiert wird, gehört er zum nützlichen Metawissen des Lehrers: Zum einen wird die Chance verbessert, den Integralbegriff für bedeutsam zu halten, zum anderen wird eine Brücke geschlagen zwischen den Lernbereichen Analysis und Stochastik.

Wir beginnen mit zwei Beobachtungen, warum das Integral mit der Mittelwertbildung zu tun hat.

Erste Beobachtung

Es ist klar, dass sich bei gleichmäßigem (linearen) Anstieg einer Größe in einem Intervall ein mittlerer Wert der Größe leicht angeben lässt; er wird in der Mitte angenommen.

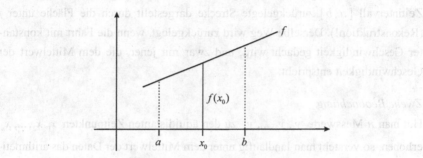

Mittlerer Funktionswert in $[a,b]$

Um den mittleren Funktionswert mit dem Integral als (orientiertem) Flächeninhalt in Verbindung zu bringen, blicken wir in neuer Weise auf das Bild:

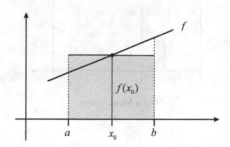

Mit dem mittleren Funktionswert wird
der Flächeninhalt unter f als Rechteck realisiert.

Da das Integral den Flächeninhalt unter f beschreibt, besagt die neue Deutung

$$I_a(b) = (b-a) \cdot f(x_0),$$

112

d.h. der Mittelwert $f(x_0)$ ist darstellbar über das Integral

$$f(x_0) = \frac{1}{b-a} I_a(b) .^1$$

Der vollzogene Blickwechsel vom ersten zum zweiten Bild ist durchaus naheliegend, wenn man sich folgende Situation vergegenwärtigt: Deutet man das erste Bild als Geschwindigkeits-Zeit-Diagramm eines fahrenden Autos, so wird die im Zeitintervall $[a,b]$ zurückgelegte Strecke dargestellt durch die Fläche unter f (Rekonstruktion!). Derselbe Weg wird zurückgelegt, wenn die Fahrt mit konstanter Geschwindigkeit gedacht wird, und zwar mit jener, die dem Mittelwert der Geschwindigkeit entspricht.

Zweite Beobachtung

Hat man n Messwerte $y_1, y_2, ..., y_n$ zu den äquidistanten Zeitpunkten $x_1, x_2, ..., x_n$ erhoben, so versteht man landläufig unter dem Mittelwert der Daten das arithmetische Mittel

$$\overline{y} = \frac{1}{n} \sum_{i=1}^{n} y_i$$

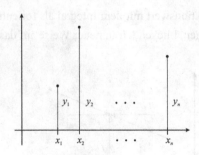

Die n Messpunkte

---

[1] In klassischer Schreibweise $f(x_0) = \dfrac{1}{b-a} \displaystyle\int_a^b f(x)\,dx$. – Wir werden die übliche Schreibweise für das Integral erst dann benutzen, wenn der Grundgedanke der „infinitesimalen" Produktsumme systematisch entwickelt wird (siehe Abschnitt 4.4). Noch steht das Integral für den orientierten Inhalt unter f von a bis b und wird mit $I_a(b)$ bezeichnet. Gerade für denjenigen, dem die klassische Schreibweise so vertraut ist, hat dieser Verfremdungseffekt eine positive Seite: Es wird ihm stärker bewusst, in welchem Kontext der Integralbegriff gerade betrachtet wird. Gleichwohl kann man sich im Unterricht frei fühlen, alsbald mit der klassischen Schreibweise zu arbeiten.

Um das arithmetische Mittel mit dem Integral in Verbindung zu bringen, schauen wir wieder in neuer Weise hin:

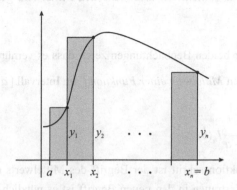

Wir denken uns die Messwerte als
diskrete Realisierung eines stetigen Verlaufs.

Zu diesem Blickwechsel gehört die folgende algebraische Umformung des arithmetischen Mittels:

$$\overline{y} \quad = \frac{1}{n}\sum_{i=1}^{n} y_i$$

$$= \frac{1}{n}\sum_{i=1}^{n} f(x_i) \qquad \text{(Auffassung als Funktionswert)}$$

$$= \frac{1}{b-a}\sum_{i=1}^{n} f(x_i)\cdot\frac{b-a}{n} \qquad \text{(Übergang zu Flächen)}$$

$$\approx \frac{1}{b-a} I_a(b) \qquad \text{(Näherung durch das Integral)}$$

Man sieht: Im kontinuierlichen Fall ist das Analogon zum arithmetischen Mittel (bis auf den Faktor $\frac{1}{b-a}$) das Integral.[1]

---

[1] In der Wahrscheinlichkeitsrechnung wird die Mittelwertvorstellung eingefangen in der Idee des Erwartungswertes von Zufallsvariablen. Für eine diskrete Zufallsgröße X ist $E(X) = \sum_i p_i x_i$, was im Falle der Gleichverteilung zum arithmetischen Mittel führt und im Falle stetiger Zufallsgrößen zum Integral.

Wir bemerken noch, dass die vorausgesetzte Äquidistanz der Stützstellen $x_1, x_2, ..., x_n$ nicht entscheidend ist für unsere Beobachtung: Im allgemeinen Fall startet man mit dem *gewichteten* arithmetischen Mittel und gelangt zum selben Ergebnis.

Die Diskussion der beiden Beobachtungen zeigt, dass es vernünftig ist, unter der Zahl $\frac{1}{b-a} I_a(b)$ den *Mittelwert einer Funktion f* im Intervall $[a, b]$ zu verstehen, symbolisch

$$\mu(f) = \frac{1}{b-a} I_a(b) \ .$$

Mit diesem Abstraktionsschritt ist der Begriff des Mittelwerts deutlich erweitert worden. Für das Vertrauen in den neuen Begriff ist es nützlich, ihn zunächst für solche Funktionen zu testen, deren Mittelwert unmittelbar abzulesen ist, z.B. für lineare Funktionen. Lohnend sind überdies kinematische Kontexte. So überzeugt man sich zum Beispiel, dass die Definition des Mittelwerts für eine Geschwindigkeits-Zeit-Funktion genau das liefert, was man üblicherweise unter Durchschnittsgeschwindigkeit versteht.

4.3.2   Der Mittelwertsatz

Der klassische Mittelwertsatz der Integralrechnung ist ein Satz über die Mittelwerte integrierbarer Funktionen. Ausgangspunkt für ein genetisches Verständnis dieses Satzes ist eine Beobachtung, die aus dem Vergleich zweier Mittelwertberechnungen hervorgeht:

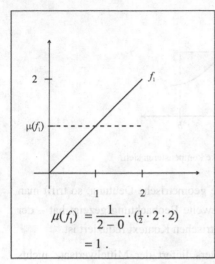

$$\mu(f_1) = \frac{1}{2-0} \cdot (\tfrac{1}{2} \cdot 2 \cdot 2)$$
$$= 1 .$$

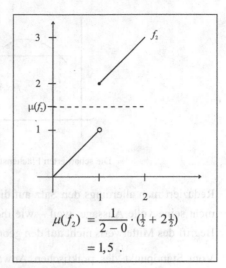

$$\mu(f_2) = \frac{1}{2-0} \cdot (\tfrac{1}{2} + 2\tfrac{1}{2})$$
$$= 1,5 .$$

Wird der Mittelwert angenommen?

Ob der Mittelwert $\mu(f)$ als Funktionswert von f angenommen wird, es also eine Stelle x_0 gibt mit der Eigenschaft $\mu(f) = f(x_0)$, hängt offenbar mit der Stetigkeit von f zusammen. Damit ist ein Zugang zum *Mittelwertsatz der Integralrechnung* skizziert.

Für stetiges $f\colon [a,b] \to \mathbb{R}$ gibt es stets ein $x_0 \in [a,b]$ mit der Eigenschaft
$$\mu(f) = f(x_0) .$$

Diese Gleichung bedeutet (nach Definition des Mittelwerts)

$$\frac{1}{b-a} I_a(b) = f(x_0)$$

oder

$$I_a(b) = (b-a) \cdot f(x_0) .$$

Damit erlaubt der Mittelwertsatz für positive Funktionen eine einprägsame geometrische Deutung, die die erste Beobachtung aus dem letzten Abschnitt aufnimmt: Es ist die Verwandlung der Fläche unter f in ein flächengleiches Rechteck.

116

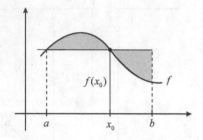

Die schattierten Flächenstücke kompensieren sich.

Reduziert man allerdings den Satz auf diese geometrische Deutung, so trifft man nicht seine volle Aussage, weil – wie die zweite Beobachtung gezeigt hat – der Begriff des Mittelwerts nicht auf den geometrischen Kontext reduziert ist.

Vom Standpunkt des praktischen Anwenders liefert der Mittelwertsatz nichts Neues. So besagt er etwa im Falle eines automatischen Temperaturschreibers einer Wetterstation: Die mittlere Tagestemperatur tritt als gemessener Temperaturwert tatsächlich auf: eigentlich eine Selbstverständlichkeit! Zudem macht der Satz keine Aussage darüber, wo genau der Mittelwert angenommen wird. Der Mittelwertsatz ist eben ein typischer Existenzsatz mit geringer praktischer Bedeutung.

Wofür ist er – abgesehen davon, dass er für den weiteren theoretischen Ausbau der Analysis wichtig ist – dennoch bedeutsam?

Die naive Erwartung ist, dass der Mittelwert angenommen wird. Der Mittelwertsatz nennt eine Bedingung für die vorgelegte Funktion (ihre Stetigkeit), unter der man sicher sein kann, dass die Erwartung auch eintritt. So gesehen beleuchtet der Satz die Abstraktheit des Funktionsbegriffs ebenso wie die des Begriffs des Mittelwerts. Auf diese Weise trägt der Mittelwertsatz zu einem vertieften Verständnis beider Begriffe bei.

Den Mittelwertsatz der Integralrechnung zu thematisieren heißt also, sich erhöhten Ansprüchen der Reflexion zu stellen. Dieser Satz führt ins abstrakte Zentrum der Grunderfahrung G2.

4.4 Analytische Präzisierung

4.4.1 Eine Lücke wird geschlossen

Der Kern des Integralbegriffs war durch die Idee der Rekonstruktion getragen (vgl. Abschnitt 4.2). Die Rekonstruierte ist die Integralfunktion, definiert durch den orientierten Flächeninhalt unter der Berandung. Um plausibel zu machen, dass die Rekonstruktion durch den Übergang zum orientierten Inhalt tatsächlich gelingt, haben wir den orientierten Inhalt als „infinitesimale" Summe orientierter Rechteckinhalte aufgefasst (vgl. Abschnitt 4.2.1; Rekonstruktion von g aus der Kenntnis der lokalen Änderungsrate g').

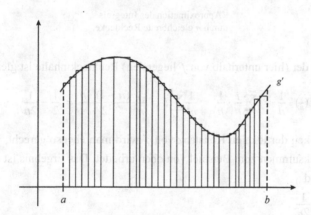

Rekonstruktion von g
durch Aufsummieren kleiner Rechteckinhalte

Hier muss eine argumentative Lücke geschlossen werden.

Die Leitfrage ist: In welchem Sinne wird das Integral – definiert als orientierter Flächeninhalt unter gegebener Berandung f – beliebig gut approximiert durch Summen orientierter Rechteckinhalte? Wir müssen der unscharfen Sprechweise von der „infinitesimalen" Summe einen präzisen Sinn geben.

Wir untersuchen die Situation an einem möglichst einfachen Beispiel:

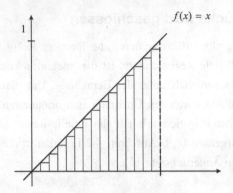

Approximation des Integrals
durch n gleichbreite Rechtecke.

Die Summe der (hier unterhalb von f liegenden) Rechteckinhalte ist gleich

$$\sum_{i=0}^{n-1} f\left(\tfrac{i}{n}\right) \cdot \frac{1}{n} = \sum_{i=0}^{n-1} \frac{i}{n} \cdot \frac{1}{n} = \frac{1}{n^2} \sum_{i=0}^{n-1} i = \frac{1}{n^2} \frac{(n-1)\cdot n}{2} = \frac{1}{2} - \frac{1}{2n} \, .$$

Dem Gedanken der lokalen Konstanz von f wird man ebenso gerecht, wenn man mit Rechtecksummen zum Beispiel von oben arbeitet. Das Ergebnis ist dann ganz entsprechend

$$\frac{1}{2} + \frac{1}{2n} \, .$$

Inwiefern wird hier das Integral durch beide Rechtecksummen mit wachsendem n beliebig gut angenähert?

Hier kennen wir den Wert des Integrals; er ist $I_0(1) = \frac{1}{2}$ (Inhalt des halben Einheitsquadrats). Der Unterschied zwischen dem Integral und den Rechtecksummen ist

$$\frac{1}{2} - \left(\frac{1}{2} - \frac{1}{2n}\right) = \frac{1}{2n} \quad \text{bzw.} \quad \frac{1}{2} - \left(\frac{1}{2} + \frac{1}{2n}\right) = -\frac{1}{2n} \, .$$

Dieser Unterschied wird jedes Mal mit wachsendem n beliebig klein. Damit sind Folgen von Rechtecksummen gefunden, die sich beide mit wachsendem n vom

Integral beliebig wenig unterscheiden. *In diesem Sinne wird das Integral beliebig gut durch Rechtecksummen approximiert.*

Mit diesem Beispiel ist die Idee umrissen, wie die eingangs gestellte Frage beantwortet werden kann: Das Integral wird durch Rechtecksummen beliebig gut approximiert, wenn bei Teilung des Intervalls in n gleiche Teile der Unterschied der Rechtecksummen zum Integral mit wachsendem n beliebig klein wird.[1]

Diese Klärung eröffnet die Möglichkeit, den Integralbegriff von der Bindung an den naiven Flächeninhalt zu lösen und das Integral – auf der Basis des Grenzwertbegriffs – rein analytisch zu definieren. Auf dieses Programm und seine didaktische Bewertung kommen wir im übernächsten Abschnitt zurück (4.4.3).

4.4.2 Vom Nutzen der Produktsummen

Mit der Approximation des Integrals durch Rechtecksummen kommen, algebraisch betrachtet, Summen von Produkten der Form

(1) $\sum f(x) \cdot \Delta x$

in den Blick.

Die – nur auf den ersten Blick akademische – Frage lautet: Haben diese Produktsummen auch einen Sinn, wenn man sie vom geometrischen Kontext des Flächeninhalts löst?

Um es vorweg zu nehmen, die Antwort auf diese Frage ist Ja, und sie markiert, zusammen mit dem Präzisierungsschritt des letzten Abschnitts, den Ausgangspunkt für eine fruchtbare Entwicklung.

Wir beleuchten zwei schulrelevante Beispiele, in denen Produktsummen der Form (1) in natürlicher Weise ins Spiel kommen. Das erste Beispiel berührt einen Anwendungskontext, das zweite führt in die Geometrie zurück.

---

[1] Drei Bemerkungen hierzu:
1. Diese Erklärung ist bereits auf der Grundlage eines intuitiven Grenzwertbegriffs für Nullfolgen verstehbar.
2. Die Art der Rechtecksummen (Unter-, Ober- oder Zwischensummen) ist für das Verständnis und von der Sache her unerheblich.
3. Existenz und Eindeutigkeit des Integrals stehen hier nicht in Frage (Präexistenz des Inhalts!).

Mechanische Energie

Ein Körper bewege sich längs einer geraden Linie. Wirkt auf ihn zwischen den Orten a und b stets dieselbe Kraft F, so wird längs der Wegstrecke $s = b - a$ die Arbeit

(2) $W = F \cdot s$ (Arbeit = Kraft · Weg)

verrichtet und steht zum Beispiel als Bewegungsenergie zur Verfügung. Doch wie ist die physikalische Arbeit zu bestimmen, wenn die Kraft längs des Weges *nicht* konstant ist? Hier greift dieselbe Idee, die sich schon bewährt hat: In genügend kleinen Wegintervallen wird man die Kraft als nahezu konstant ansehen können. In jedem Teilintervall Δs gilt dann die Beziehung (2) und führt zu dem „Arbeitselement"

$$\Delta W = F(s) \cdot \Delta s \, .$$

Die insgesamt verrichtete Arbeit erhält man (näherungsweise) durch Aufsummieren aller ΔW längst aller Wegelemente Δs:

$$W \approx \sum F(s) \cdot \Delta s \, .^{[1]}$$

Fazit: Zum Verständnis der physikalischen Arbeit (und der Energie generell) gehören in natürlicher Weise Produktsummen der Form (1).

Volumenberechnung

Rotiert eine (positive) Funktion zwischen a und b um die x-Achse, so entsteht ein Rotationskörper (s. Bild). Wie groß ist sein Volumen?

---

[1] Die Näherung $\approx$ ist im Bedarfsfalle genauso zu verstehen und zu präzisieren wie im letzten Abschnitt 4.4.1 skizziert.

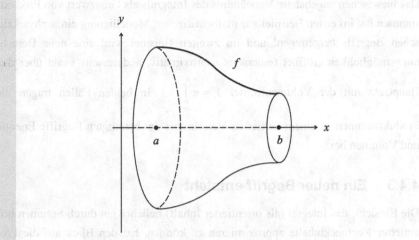

Nun, bei konstantem f entsteht ein Zylinder mit Radius $f(x)$ und Höhe $b - a$. Sein Rauminhalt ist

(3) $\qquad V = \pi \, (f(x))^2 \cdot (b - a)$.

Doch wie ist das Volumen zu bestimmen, wenn die Berandung f *nicht* konstant ist?

Wieder greift unsere bewährte Idee: In genügend kleinen Teilintervallen wird man die Berandung als nahezu konstant ansehen können. In jedem Teilintervall Δx führt dann die Beziehung (3) zu dem Volumenelement

$$\Delta V = \pi \, (f(x))^2 \cdot \Delta x \; .$$

Das Gesamtvolumen erhält man näherungsweise durch Aufsummieren aller ΔV:

$$V \approx \sum \pi \, (f(x))^2 \cdot \Delta x \; .^{1}$$

Fazit: Produktsummen der Form (1) eröffnen einen Zugang zur Bestimmung des Volumens von Rotationskörpern.

---

[1] Die Produktsummen beziehen sich hier auf die Funktion πf^2. Wie zuvor ist die Näherung $\approx$ im Bedarfsfall so zu verstehen, wie im Abschnitt 4.4.1 skizziert.

Das inzwischen angebahnte Verständnis des Integrals als Grenzwert von Produktsummen hat im ersten Beispiel zur mathematischen Modellierung eines physikalischen Begriffs beigetragen[1] und im zweiten Beispiel wird eine neue Berechnungsmöglichkeit eröffnet (einerseits approximativ, andererseits exakt über den Hauptsatz mit der Volumenformel $V = \pi \int_a^b f^2$). In beiden Fällen tragen die Produktsummen zu einem vertieften Verständnis der beteiligten Begriffe Energie und Volumen bei.

4.4.3 Ein neuer Begriff entsteht

Die Einsicht, das Integral (als orientierter Inhalt) beliebig gut durch Summen orientierter Rechteckinhalte approximieren zu können, hat den Blick auf die Produktsummen

$$\sum f(x) \cdot \Delta x$$

gerichtet. Diese Sichtweise eröffnet die Möglichkeit für die Entwicklung eines theoretischen Integralbegriffs, der sich von der Bindung an den naiven Flächeninhaltsbegriff gelöst hat und ohne Rückgriff auf die Geometrie *rein analytisch* definiert werden kann.

Dazu muss man den Spieß nur konsequent umdrehen: Sehr qualitativ gesprochen geht es darum, ausgehend von einer Funktion $f: [a, b] \to \mathbb{R}$ zu Zerlegungen von $[a, b]$ in geeigneter Weise Produktsummen zu bilden. Konvergieren diese dann gegen eine Zahl, so *definiert* diese Zahl das Integral von f über $[a, b]$.[2]

Um diese Idee etwas greifbarer zu machen, konkretisieren wir sie, indem wir einen üblichen Weg für den Fall monotoner Funktionen skizzieren.

---

[1] Ein typischer Fall für das Wechselspiel zwischen den Grunderfahrungen G1 und G2.

[2] Jedes Lehrbuch der klassischen Analysis entfaltet dieses Programm in systematischer Weise (Riemann-Integral).

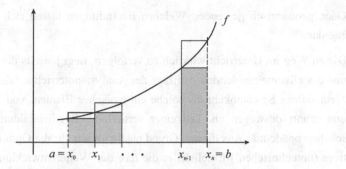

Unter- und Obersumme bei äquidistanter Teilung

Man bildet zu einer äquidistanten Zerlegung von $[a, b]$ in n Teile die Unter- und Obersumme

$$U_n = \sum_{i=0}^{n-1} f(x_i) \cdot \Delta x \qquad \text{und} \qquad O_n = \sum_{i=1}^{n} f(x_i) \cdot \Delta x$$

mit $\Delta x = \dfrac{b-a}{n}$. Konvergieren dann U_n und O_n für $n \to \infty$ gegen denselben Grenzwert, so heißt dieser gemeinsame Grenzwert das Integral von f über $[a, b]$:

$$\text{Integral} := \lim U_n = \lim O_n .$$

Eng verknüpft mit dieser Definition des Integrals ist die klassische, auf Leibniz zurückgehende Schreibweise

$$\int_a^b f(x)\, dx ,$$

wobei das Zeichen „$\int$“ (als stilisiertes S) an die Summen- und anschließende Grenzwertbildung und das „dx“ an die beliebig klein werdende Streifenbreite Δx erinnern soll. In dieser Symbolik ist die Auffassung vom Integral als Grenzwert von Produktsummen aufgehoben.

Mit der Spießumkehr steht man am Anfang einer Integrations*theorie*, die sich – im Gegensatz zum bisherigen Vorgehen – begrifflich von der Anschauung gelöst hat. Dann macht die Frage einen Sinn: Welche Funktionen sind *integrierbar*?

124

Oder, geometrisch gewendet: Welchen Berandungen lassen sich Flächeninhalte zuordnen?

Diesen Weg im Unterricht wirklich zu verfolgen, liegt jenseits der Möglichkeiten und des allgemeinbildenden Auftrags des Analysisunterrichts. Gleichwohl ist die Methode der Spießumkehr als solche ein typisches Element von Theoriebildung und gehört deswegen als Teil einer vertieften Allgemeinbildung zur Wissenschaftspropädeutik. Aus diesem Grund plädieren wir für die Option eines qualitativen (untechnischen!) Einblicks in die *Idee* der Weiterentwicklung des Integralbegriffs.

Im Übrigen wird es erst dann möglich, die Beziehung von „Flächeninhalt" und „Integral" dialektisch, also als eine Frage des Standpunktes anzusehen: Vom naiven Standpunkt, bei ontologischer Bindung an den geometrischen Flächeninhalt (Konzept der Präexistenz des Inhalts), wird das Integral über den Inhalt definiert. Vom theoretischen Standpunkt ist das Integral rein analytisch definiert und damit in der Lage, den Begriff des Flächeninhalts zu präzisieren. Diese Art von Komplementarität ist typisch für den Prozess mathematischer Theoriebildung.

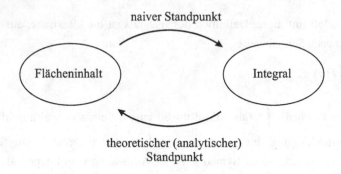

Komplementarität von Fläche und Integral.

4.5 Zusammenfassung

Dem gesamten Kapitel unterliegt dieses Credo: Die Integralrechnung ist als Unterrichtsgegenstand nur dadurch legitimiert, dass das *inhaltliche Verständnis des Integralbegriffs* im Mittelpunkt steht. Nur dann kann dieses Thema zur Integration der drei Grunderfahrungen G1 bis G3 beitragen.

Als zentral erwies sich das Grundverständnis vom *Integrieren* als Rekonstruieren (integrare = wiederherstellen). Unter diesem Blickwinkel wird der Hauptsatz zu einem Instrument, das das Verständnis von dem, was Rekonstruieren heißt, erweitert. Die der Idee des Rekonstruierens unterliegenden beiden Vorstellungen sind *Kumulieren* (*Prozess* der Rekonstruktion) und *Gesamteffekt* (*Produkt* der Rekonstruktion): Der Prozess des Kumulierens führt zum Gesamteffekt als Ergebnisprodukt.

Wesentlich für den Aspekt des Integrierens als Rekonstruieren ist das Grundverständnis der Ableitung als lokale Änderungsrate.

Das Grundverständnis vom *Integrieren als Mitteln* ist nachgeordnet und berührt den engen Zusammenhang zwischen arithmetischem Mittel und Integral.

Bis hierhin ist die Begriffsentwicklung gebunden an einen naiven Flächeninhaltsbegriff (*Konzept der Präexistenz des Inhalts*). Das theorieorientierte Bestreben, sich von dieser ontologischen Bindung zu befreien, führt auf einen *rein analytisch definierten Integralbegriff*, der das Verständnis vom Integrieren nochmals erweitert. Die Formalisierung dieses Weges gehört nicht in die Schule.

In einer Übersicht fassen wir den Prozess der in diesem Kapitel durchlaufenen Begriffsentwicklung zusammen:

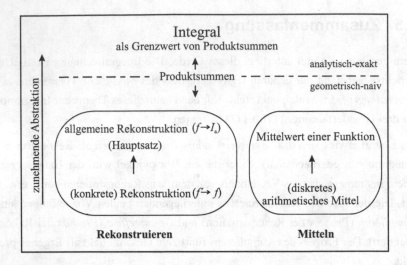

Entwicklung des Integralbegriffs

Der hier beschriebene Prozess der Begriffsentwicklung zeigt, wie sehr die drei zentralen mathematikdidaktischen Aspekte *Problemlösen*, *Begriffsbilden* und *Anwenden* zusammengehören und ein Netz für den verständigen Umgang mit Mathematik bilden. Damit erweist sich der Integralbegriff als ein wichtiges Beispiel für die Integration der drei Grunderfahrungen G1 bis G3. Darüber hinaus fokussiert er – wie schon der Ableitungsbegriff – die für die Analysis bedeutsamen fundamentalen Ideen (Idee des Messens, des funktionalen Zusammenhangs, der Änderungsrate und des Approximierens).

Eine abschließende Übersicht verbindet Aspekte und unterliegende Vorstellungen zum Integralbegriff[1]:

---

[1] Danach sind Arbeitsaufträge für den Einstieg in die Integralrechnung dann geeignet, wenn sie eine Auseinandersetzung mit dem zentralen Rekonstruktionsaspekt anbahnen (vgl. hierzu etwa die ‚Intentionalen Probleme' bei Hußmann 2002).

Inhaltliche Aspekte und Vorstellungen zum Integralbegriff

Aufgaben

1. Nach dem Hauptsatz besitzen stetige Funktionen Stammfunktionen (nämlich ihre Integralfunktionen).

   a) Zeigen Sie: Nicht *nur* stetige Funktionen besitzen Stammfunktionen.

   (Anleitung: Betrachten Sie als Beispiel die Ableitung der durch

   $$x \mapsto \begin{cases} x^2 \sin\dfrac{1}{x} & \text{für } x \neq 0 \\ \quad 0 & \text{für } x = 0 \end{cases}$$

   gegebenen Funktion f. Zeigen Sie, dass f' im Nullpunkt unstetig ist.)

   b) Machen Sie sich an einem selbst gewählten Beispiel klar, dass unstetige Funktionen mit Sprungstellen keine Stammfunktionen haben.

2. Betrachten Sie für stetiges $f: [a,b] \to \mathbb{R}$ den Mittelwert als Funktion der oberen Intervallgrenze:

   $$\mu: x \mapsto \mu(x) = \frac{1}{x-a} \int_a^x f \, .$$

   a) Zeigen Sie: μ ändert sich dort am wenigsten, wo es mit dem Funktionswert von f übereinstimmt, d.h. an Stellen x, für die
   $$\mu(x) = f(x)$$
   ist. (Anleitung: Bilden Sie die Ableitung μ' und zeigen Sie, dass $\mu'(x) = 0$ genau dann gilt, wenn $\mu(x) - f(x) = 0$ ist.)

   b) Interpretieren Sie das Ergebnis von a), wenn f eine Geschwindigkeit angibt.

Aufgaben für den Unterricht

3.

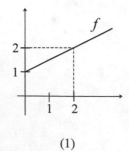
(1)

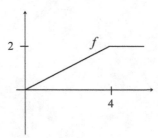
(2)

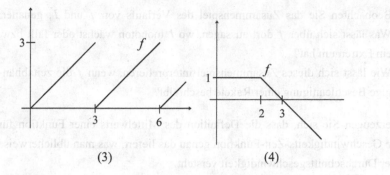

(3)　　　　　　　　(4)

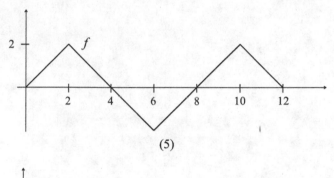

(5)

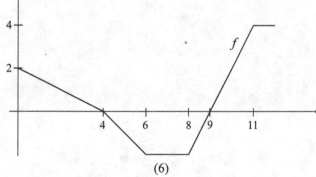

(6)

a) Geben Sie für jede Berandung (1) bis (6) den Funktionsterm an.

b) Wie lauten die Funktionsterme der Integralfunktionen I?

c) Zeichnen Sie I jeweils zusammen mit f in ein Koordinatensystem.

d) Beobachten Sie das Zusammenspiel des Verlaufs von f und I, genauer: Was lässt sich über f dort aussagen, wo I monoton wächst oder fällt bzw. ein Extremum hat?

e) Wie lässt sich dieses Zusammenspiel interpretieren, wenn f die zeitabhängige Beschleunigung einer Rakete beschreibt?

4. Überzeugen Sie sich, dass die Definition des Mittelwerts einer Funktion für eine Geschwindigkeits-Zeit-Funktion genau das liefert, was man üblicherweise unter Durchschnittsgeschwindigkeit versteht.

5 Kurvendiskussion: Ja – aber wie ?

Wir beginnen mit einem Blick in die unterrichtliche Praxis. Es zeigt sich, dass die *traditionelle Kurvendiskussion* im Analysisunterricht sehr *ambivalent* gesehen wird (Abschnitt 5.1).

Das Herzstück der schulischen Kurvendiskussion bilden die üblichen Kriterien für lokale Extrema und Wendepunkte. In Abschnitt 5.2 fassen wir zur *fachlichen Orientierung* das Nötige zusammen.

Abschließend werden – vor dem Hintergrund definierter Perspektiven für die Weiterentwicklung – drei Beispielklassen gründlich diskutiert, um gangbare *Wege der Öffnung* aufzuzeigen (Abschnitt 5.3).

5.1 Ein Blick in die Praxis

Gegeben ist die Funktionenschar f_a ($a > 0$) mit

$$f_a(x) = \frac{1}{a} e^{-ax^2}, \; x \in \mathbb{R}.$$

a) Diskutiere f_a (Symmetrie, Asymptoten, Nullstellen, Hoch- und Tiefpunkte, Wendepunkte). Zeichne für $a = \frac{1}{4}$ die Graphen von f_a und $f_a{}'$ in dasselbe Koordinatensystem (im Intervall [-4, 4] , 1 LE = 2 cm).

b) Man bestimme die Koordinaten des Schnittpunktes S_a der Graphen von f_a und $f_a{}'$. Welche Gleichung und welchen Definitionsbereich hat die Ortskurve aller Punkte S_a?

Eine typische Aufgabe zur traditionellen Kurvendiskussion

Die traditionelle Kurvendiskussion (auch Funktionsdiskussion) gehört zu den stabilen Themenkreisen im Analysisunterricht. Hören wir die Stimmen verschiedener betroffener Gruppen:

Der Mathematiker

„In der ‚Kurvendiskussion' auf der Schule werden keine Kurven behandelt und diskutiert wird auch nicht. Dieses Thema, so wie es hier verhandelt wird, würde ich lieber einem anständigen Computeralgebra-System überlassen."

„Warum findet die Kurvendiskussion so selten in anwendungsrelevanten Kontexten statt?"

„Mir fallen Aufgabenteile auf, die sich geometrisch-anschaulich leicht formulieren lassen, aber deren Sinn und Bedeutung sich mir nicht erschließt. Für mich sind es künstliche Scheinprobleme."

„Bei diesem Thema werden bestenfalls technische Fertigkeiten erweitert, das Bild meiner Disziplin Mathematik gewinnt keine neuen Konturen. Und für diese bescheidene Ausbeute nimmt das Thema entschieden zu viel Raum ein. Hinzu kommt, dass ich im Umgang damit keine schöpferischen Elemente erkennen kann."

Der Mathematikdidaktiker

„Mir fehlt der Bezug zu den Anwendungen, und die Kraft heuristischer Denk- und Arbeitsweisen ist bei diesem Thema, so wie es behandelt wird, praktisch nicht erlebbar. Das Bild von Mathematik wird reduziert auf das Arbeiten mit einem leistungsfähigen Kalkül. Von den drei Winterschen Grunderfahrungen, die den allgemeinbildenden Wert des Mathematikunterrichts ausmachen, kommt also nur eine zur Geltung, und diese auch nur reduziert."

„Die unterliegende Aufgabenkultur hält nur eine Scheinvielfalt bereit: Eine Vielfalt der Lösungsansätze ist nicht angelegt. Hinzu kommt: Von den vier Schritten einer gelungenen Problemlöseaktivität – Verstehen des Problems, Ausdenken eines Plans, Durchführen des Plans und Rückschau auf die Lösung – kommt praktisch nur der dritte vor. Man ist also im Sinne der Polyaschen Heuristik weit entfernt von einem problemlösenden Mathematikunterricht."

„Die schulklassische Kurvendiskussion ist einseitig ergebnisorientiert angelegt. Die wichtige Balance von Prozess- und Produktorientierung fehlt. Verschärfend wirkt sich aus, dass die typischen Aufgaben in der Regel von jedem Schüler einzeln abzuarbeiten sind; es entsteht kein Diskussionsbedarf."

Der Mathematiklehrer

Hier unsere Typologie: *Typ A* ist froh und dankbar, etwas anbieten zu können, das seine Schüler beschäftigt und im Allgemeinen nicht überfordert. „Es besteht für alle Beteiligte Klarheit, was richtig und was falsch ist. Es handelt sich um einen sehr verlässlichen und korrekturfreundlichen Unterrichtsgegenstand, der dank vielfältiger Aufgabenplantagen beliebig angepasst werden kann. Die bei Schülern ungeliebten Beweise lassen sich leicht aussparen."

Die Nachteile, die der guten alten Kurvendiskussion von dritter Seite zugeschrieben werden, lassen Typ A eher kalt. Die zunehmende Verbreitung graphikfähiger oder gar mit einem Computeralgebra-System ausgestatteter Rechner macht ihm schon eher Sorgen, scheint doch der gut austarierte ‚soziale Vertrag' mit den Schülern gefährdet.

Typ A behält bei der Kurvendiskussion jederzeit die Fäden in der Hand. „Bei diesem Thema habe ich das Gefühl, dass die Mathematik für die Schule angemessen abgebildet wird, und ich fühle mich – zusammen mit meinen Schülern – nicht überfordert."

Typ B spürt das Eintönige, Erstarrte der tradierten Kurvendiskussion und versucht es aufzubrechen. Er akzeptiert den Kern der schulischen Tradition, aber er versucht der Sache eine eigene inhaltliche Tiefe zu geben. Er wagt Wege der Öffnung und stößt prompt auf Widerstände. Zunächst auf seine eigenen, muss er doch die bewährten Aufgabenbeispiele seinen erweiterten Zielen und Anforderungen anpassen. Zudem steigt der Korrekturaufwand, und der Rechtfertigungsdruck gegenüber den Schülern und Fachkollegen nimmt zu.

„Ich weiß um die Widerstände, aber weil es besser zu meinem Bild von Mathematik passt, kann ich nicht anders. Hinzu kommt, dass nicht wenige der Meinungsführer unter den Schülern mir folgen. Im Übrigen scheinen mir die Wagnisse gut kalkulierbar."

Die Schüler

Wieder unterscheiden wir zwei Typen. *Typ A* ist befreit. „Endlich keine Begriffe und Beweise mehr, sondern richtige Aufgaben, wo man weiß, was man machen muss. Es gibt einen festen Rahmen und frustrierende Überraschungen und Sackgassen sind eher selten. Das kann ich gut für die Klausur lernen."

Typ A sieht sich bestätigt, dass der Oberstufenunterricht eine Fortsetzung des Algebraunterrichts in der Mittelstufe ist. Die Kurvendiskussion ist ein Thema, das für sein Ziel, im Mathematikunterricht möglichst gut durchzukommen, sehr geeignet und zuverlässig erscheint. Für ihn geht der soziale Vertrag mit dem Lehrer Typ A auf. Ein darüber hinaus gehendes inhaltliches Interesse am Fach Mathematik hat er in der Regel nicht.

Der mit dem Lehrer Typ B korrespondierende Schüler *Typ B* erwartet vom Mathematikunterricht eher umfassendere Denkanstrengungen und sieht ihn auch dadurch erst legitimiert. Die Kurvendiskussion muss dieser Erwartung gerecht werden. Das kann sie nicht, wenn sie sich erschöpft in der Reproduktion eines starren auf den algebraischen Kalkül fixierten Algorithmus. „Eine Kurvendiskussion, bei der nichts zu entdecken und zu begründen ist, langweilt mich."

Natürlich ist Typ B in der Minderheit, aber er gehört zu denjenigen, die die Meinungsbildung im Mathematikkurs beeinflussen.

Alle Äußerungen durchzieht ein Dilemma, das sich an kaum einem anderen Gegenstand etablierter Schulmathematik so deutlich offenbart wie bei der Kurvendiskussion: Auf der einen Seite ermöglicht das Thema eine hohe Sicherheit, den Anforderungen genügen zu können (hier helfen entwickelte und gut gepflegte Aufgabenplantagen), auf der anderen Seite bleibt das Gefühl mangelnder Tiefe und unzureichender Sinnstiftung.[1] Diejenigen, die sich von dieser Ambivalenz getroffen und bedrängt fühlen, suchen nach konstruktiver Weiterentwicklung dieses in ihren Augen leicht erstarrten Unterrichtsgegenstandes. Sie suchen nach *Wegen der Öffnung*.[2]

Als Perspektiven für eine solche Öffnung sind zu nennen:

– eine stärkere Betonung nicht-algorithmischer Elemente der Kurvendiskussion (*qualitative Analysis*)

---

[1] Dieses Gefühl wird verstärkt durch die zunehmende Verbreitung von Funktionenplottern im Unterricht. Das Thema Kurvenduskussion wird nämlich „wenn man das *Produkt* und nicht den sich dahinter verbergenden und tiefliegenden *Prozeß* im Auge hat, durch leicht verfügbare Technologie dermaßen trivialisiert, daß es seine ursprüngliche Legitimation verliert" (Kirchgraber 1999, S. 112-113).

[2] Stellvertretend für eine solche Suche seien genannt Herget 1994, Henn 2000a und Schmidt 2000.

- die Einbeziehung von Sachkontexten (*Anwendungsorientierung*)

- die konsequente Nutzung elektronischer Helfer (*Integration neuer Technologien*)

- die Einbeziehung divergenter Elemente bei der Aufgabenstellung (*veränderte Aufgabenkultur*).

Diese Perspektiven korrespondieren direkt mit den drei Grunderfahrungen: Die erste mit der Grunderfahrung G2, die zweite mit G1 und die vierte mit der Grunderfahrung G3.

Mit diesen Perspektiven ist die Chance verbunden, die Qualität des Mathematikunterrichts zu steigern, d.h. die vier kennzeichnenden Merkmale eines aktiven Umgangs mit Mathematik – *Erkunden, Vermuten, Begründen, Darstellen* – zur Geltung zu bringen. Dies ist die mathematikdidaktische Sicht; aus mathematischer Sicht wird die Chance erhöht, die beteiligten fachlichen Aspekte – *algebraisch, geometrisch, analytisch, diskret, numerisch* – in ihrem Zusammenwirken bewusst wahrzunehmen und sich ihrer flexibel zu bedienen.

Ziel dieses Kapitels ist es, für eine Weiterentwicklung der Kurvendiskussion im Sinne der genannten Perspektiven zu werben.

Den Kern der schulischen Kurvendiskussion bilden die Kriterien für lokale Extrema und Wendepunkte. Wir beginnen daher mit einer Analyse dieser Kriterien, die der fachlichen Orientierung dienen soll.

5.2 Fachliche Orientierung

Lange Zeit hat sich die Begründung der Kriterien der Kurvendiskussion am kanonischen Aufbau der Anfängervorlesung zur Analysis orientiert. Man folgte der Linie Maximumsatz → Satz von Rolle → Mittelwertsatz → Monotoniekriterium und war damit gebunden an die Behandlung des Stetigkeitsbegriffs.

Inzwischen hat es sich für die Schule durchgesetzt, das Monotoniekriterium als eigenständigen Ankerpunkt für die analytische Begründung der Kurvendiskussion anzusehen und die üblichen Kriterien für lokale Extrema und Wendepunkte von

136

dort aus zu begründen. Die mathematische Rechtfertigung für diesen Standpunkt-wechsel liefert die Äquivalenz von Mittelwertsatz und Monotoniekriterium.[1]

Aus didaktischer Sicht hat dies den Vorzug, direkt im Herzen der Sache zu starten und sich auf einen anschaulich evidenten Sachverhalt zu stützen. (Es ist eben un-mittelbar einleuchtend, dass ein Funktionsgraph, der in jedem Punkt eines Ab-schnitts einen positiven Anstieg hat, in diesem Abschnitt streng monoton wächst.) Daher ist vielfach vorgeschlagen worden, das Monotoniekriterium der Anschau-ung zu entnehmen und *von ihm ausgehend das Feld lokal zu ordnen*.[2] Dies ist ein aus fachlicher wie unterrichtspraktischer Perspektive schlüssiger Standpunkt.

Die folgenden Bemerkungen sollen die fachliche Orientierung des Lehrers im komplexen Feld der Kriterien der Kurvendiskussion erleichtern. Wir starten mit dem Monotoniekriterium als Ankerpunkt.

5.2.1 Das Monotoniekriterium

Eine auf einem Intervall differenzierbare Funktion mit überall positiver Ableitung ist dort streng monoton wachsend.

Es ist nützlich sich klar zu machen, dass das Monotoniekriterium ein *globaler* Satz ist:

Man könnte versucht sein anzunehmen, dass eine Funktion, deren Ableitung *an einer Stelle* x_0 positiv ist, in einer genügend kleinen Umgebung von x_0 auch streng monoton wächst. Schließlich schmiegt sich ja die Kurve der Tangente be-sonders gut an, und die Tangente *ist* streng monoton wachsend. Dass dem nicht so ist, mag zunächst verblüffen, und wenn uns unsere Intuition so im Stich lässt, ist nicht zu erwarten, dass ein Gegenbeispiel von einfacher Natur ist. Doch man sehe selbst:

---

[1] Vgl. hierzu etwa Danckwerts/Vogel 1986b, S. 16 f.

[2] Für denjenigen, der sich für einen elementaren analytischen Beweis interessiert, eröffnet sich ein weiterer Vorzug: Man wird *direkt* auf die unverzichtbare Rolle der Vollständigkeit der reellen Zahlen gestoßen und damit auf die Einsicht, dass die klassische Kurvendiskussion des reellen Kontinuums bedarf. Vgl. hierzu Kap. 2.3.3. – Letzteres hat aus unserer Sicht vor allem Bedeutung für das Metawissen des Lehrers.

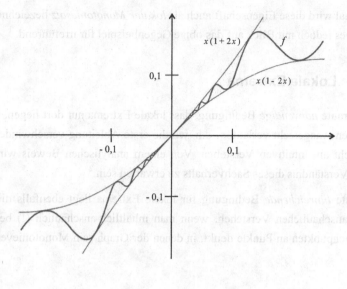

$$f(x) = \begin{cases} x + 2x^2 \sin\dfrac{1}{x} & \text{für} \quad x \neq 0 \\ 0 & \text{für} \quad x = 0 \end{cases}$$

f bleibt zwischen den beiden einhüllenden Kurven und oszilliert umso schneller, je näher man dem Nullpunkt kommt. Die Ableitung von f an der Stelle $x_0 = 0$ ist positiv, und dennoch ist f in keiner auch noch so kleinen Nullumgebung streng monoton wachsend.[1]

Immerhin hat f noch die Eigenschaft, beim Durchgang durch die Stelle $x_0 = 0$ zu wachsen. In der Tat gilt allgemein: Ist $f'(x_0) > 0$, so sind in einer hinreichend kleinen Umgebung von x_0 alle Funktionswerte links von x_0 kleiner und alle rechts von x_0 größer als $f(x_0)$, d.h. *f wächst beim Durchgang durch die Stelle x_0*.

Dieser Sachverhalt wird *lokale Trennungseigenschaft* genannt.

---

[1] Dass unsere Intuition hier versagt hat, liegt daran, dass der im analytischen Ableitungsbegriff aufgehobene Tangentenbegriff weit allgemeiner ist als der in der intuitiven Vorstellung verankerte geometrische Tangentenbegriff; vgl. hierzu Kap. 3.1.1.

138

Manchmal wird diese Eigenschaft auch als *lokaler Monotoniesatz* bezeichnet. Wir halten dies jedoch mit Blick auf das obige Gegenbeispiel für irreführend. [1]

5.2.2 Lokale Extrema

Die vertraute *notwendige* Bedingung, dass lokale Extrema nur dort liegen, wo die Tangenten waagerecht verlaufen, d.h. wo die erste Ableitung verschwindet, liegt ganz dicht am intuitiven Verstehen. Von einem analytischen Beweis wird kein tieferes Verständnis dieses Sachverhalts zu erwarten sein. [2]

Eine erste *hinreichende* Bedingung für lokale Extrema liegt ebenfalls dicht am intuitiv-anschaulichen Verstehen, wenn man inhaltlich-anschaulich (!) bei Tief- bzw. Hochpunkten an Punkte denkt, in denen der Graph sein Monotonieverhalten ändert[3]:

---

[1] Die lokale Trennungseigenschaft lässt sich unmittelbar aus der Definition der Ableitung als Grenzwert des Differenzenquotienten herleiten:

Ziel ist es, eine Umgebung U von x_0 zu finden, so dass für alle $x \in U$ der Differenzenquotient $\dfrac{f(x) - f(x_0)}{x - x_0}$ positiv ist. Dann ist man fertig, weil dann für $x < x_0$ $(x \in U)$ folgt: $f(x) < f(x_0)$ und für $x > x_0$ entsprechend $f(x) > f(x_0)$. Also wächst f beim Durchgang durch x_0. Gäbe es in jeder Umgebung $U_n = \left] x_0 - \dfrac{1}{n}, x_0 + \dfrac{1}{n} \right[$ für $n \in \mathbb{N}$ ein $x_n \in U_n$ mit $\dfrac{f(x_n) - f(x_0)}{x_n - x_0} \leq 0$, so wäre $\lim\limits_{n \to \infty} x_n = x_0$ und $f'(x_0) = \lim\limits_{n \to \infty} \dfrac{f(x_n) - f(x_0)}{x_n - x_0} \leq 0$ im Widerspruch zur Voraussetzung $f'(x_0) > 0$.

[2] Der Satz ist eine unmittelbare Folgerung der lokalen Trennungseigenschaft: An Stellen x_0 mit $f'(x_0) \neq 0$ wächst oder fällt f beim Durchgang durch x_0, also kann x_0 keine lokale Extremstelle sein.

[3] Die *Definition* lokaler Extrema ist umfassender: Eine Funktion f hat an der Stelle x_0 ein lokales Extremum, wenn $f(x_0)$ lokal um x_0 größter bzw. kleinster Funktionswert ist.

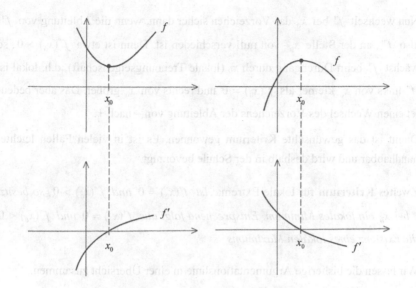

Ein Vorzeichenwechsel von f' bei x_0

bedingt eine Änderung des Monotonieverhaltens von f.

Damit ruht die erste hinreichende Bedingung direkt auf dem Monotoniekriterium: Wechselt f' bei x_0 das Vorzeichen von − nach +, so fällt f lokal links von x_0 und steigt lokal rechts von x_0.

Erstes Kriterium für lokale Extrema: *Ist $f'(x_0) = 0$ und wechselt f' bei x_0 das Vorzeichen von − nach + (von + nach −), so hat f bei x_0 ein lokales Minimum (Maximum).*

Dieses Kriterium hat eine Schwäche, die bis in den Unterricht durchschlägt: Man kann sich bei der Untersuchung von f' nicht auf die *Stelle* x_0 beschränken, sondern muss eine ganze Umgebung von x_0 einbeziehen. Das ist in der Praxis oft mühsam. Wünschenswert ist daher ein Kriterium, das sich ausschließlich der Stelle x_0 bedient.

140

Nun wechselt f' bei x_0 das Vorzeichen sicher dann, wenn die Ableitung von f', also f'', an der Stelle x_0 von null verschieden ist. Denn ist etwa $f''(x_0) > 0$, so wächst f' beim Durchgang durch x_0 (lokale Trennungseigenschaft), d.h. lokal ist f' links von x_0 kleiner als $f'(x_0) = 0$ und rechts von x_0 größer. Das aber bedeutet einen Wechsel des Vorzeichens der Ableitung von $-$ nach $+$.

Damit ist das gewünschte Kriterium gewonnen. Es ist in vielen Fällen leichter handhabbar und wird deshalb in der Schule bevorzugt.

Zweites Kriterium für lokale Extrema: *Ist $f'(x_0) = 0$ und $f''(x_0) > 0$, so besitzt f bei x_0 ein lokales Minimum. Entsprechend folgt aus $f'(x_0) = 0$ und $f''(x_0) < 0$ die Existenz eines lokalen Maximums.*

Wir fassen die bisherige Argumentationslinie in einer Übersicht zusammen:

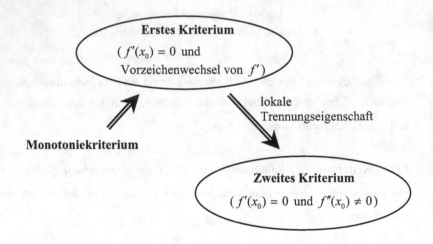

Die Übersicht bekräftigt die zentrale Stellung des Monotoniekriteriums für die Kriterien der Kurvendiskussion.

Dem Vorteil der leichteren Anwendbarkeit des zweiten Kriteriums steht der Nachteil der geringeren Reichweite gegenüber: So versagt es bereits beim Aufspüren des Minimums von $f(x) = x^4$ im Nullpunkt.

Leider ist selbst das erste Kriterium nicht notwendig für das Vorhandensein eines lokalen Extremums. Und wieder kann ein Gegenbeispiel nicht von einfacher Natur sein, war doch die Begründung dieses Kriteriums unmittelbar einsichtig und schien den Sachverhalt vollständig abzubilden. Für ein Gegenbeispiel eignet sich wieder der Griff in die Kiste der oszillierenden Funktionen:[1]

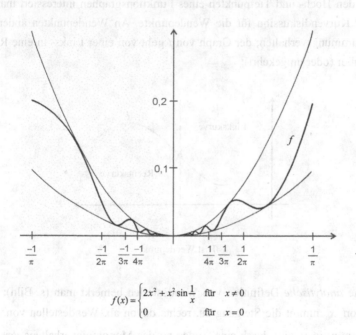

$$f(x) = \begin{cases} 2x^2 + x^2\sin\dfrac{1}{x} & \text{für } x \neq 0 \\ 0 & \text{für } x = 0 \end{cases}$$

f liegt zwischen zwei Parabeln und hat an der Stelle $x_0 = 0$ ein lokales Minimum. Die Steigung von f wechselt aber umso rascher von positiven zu negativen Werten, je näher man dem Nullpunkt kommt. Also gibt es keine Nullumgebung, in der die Ableitung lokal links bzw. rechts von null ein einheitliches Vorzeichen hat.

---

[1] Zur großen Reichweite dieser Funktionenklasse für ein tieferes Verständnis analytischer Begriffe und Verfahren vergleiche Danckwerts/Requate 1986.

Mit anderen Worten: f hat bei $x_0 = 0$ ein lokales Minimum, ohne dass f' bei x_0 einen Vorzeichenwechsel hat.

Erneut zeigt sich, dass unsere in der Anschauung wurzelnde Intuition der Allgemeinheit des analytischen Ableitungsbegriffs nicht gewachsen ist. Diese Subtilität wird man im Allgemeinen im Unterricht nicht thematisieren.

5.2.3 Wendepunkte

Neben den Hoch- und Tiefpunkten eines Funktionsgraphen interessiert man sich bei der Kurvendiskussion für die Wendepunkte. An Wendepunkten ändert sich das Krümmungsverhalten; der Graph von f geht von einer Links- in eine Rechtskurve über (oder umgekehrt):

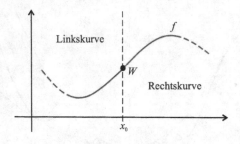

W ist Wendepunkt

Für eine *analytische* Definition von Wendestellen bemerkt man (s. Bild): Lokal links von x_0 nimmt die Steigung zu, rechts davon ab. Wendestellen von f sind also vernünftigerweise durch eine Änderung des Monotonieverhaltens *der Ableitung* f' definiert (Hoch- und Tiefpunkte sind gesichert – nicht definiert! – durch die Änderung des Monotonieverhaltens *der Funktion selbst*).

Mit dieser Definition kann man für das Auffinden von Wendepunkten die schon bekannten Sätze und Schlussweisen verwenden und erhält die üblichen Kriterien:

Notwendige Bedingung: *Wendepunkte können nur dort liegen, wo die zweite Ableitung verschwindet.*

(Denn an Stellen x_0 mit $f''(x_0) \neq 0$ würde f' wegen der lokalen Trennungseigenschaft beim Durchgang durch x_0 wachsen oder fallen, kann dann also lokal um x_0 sein Monotonieverhalten nicht ändern, wie es die Definition einer Wendestelle verlangt.)

Erstes Kriterium für Wendepunkte: *Ist $f''(x_0) = 0$ und wechselt f'' bei x_0 das Vorzeichen, so hat f bei x_0 einen Wendepunkt.*

(Ein Vorzeichenwechsel von f'' impliziert eine Änderung des Monotonieverhaltens von f'.)

Zweites Kriterium für Wendepunkte: *Ist $f''(x_0) = 0$ und $f'''(x_0) \neq 0$, so hat f bei x_0 einen Wendepunkt.*

(Rückführung auf das Erste Kriterium über die lokale Trennungseigenschaft)

Zum Schluss noch eine kleine fachliche Subtilität mit realem Bezug zur Unterrichtspraxis: Auf den ersten Blick vernünftig und verlockend ist ein alternativer Vorschlag, den Begriff des Wendepunkts analytisch zu fassen. Man definiert einfach Wendestellen von f als lokale Extremstellen von f'.

Vernünftig ist dieser Vorschlag, weil er die ursprüngliche, geometrisch orientierte Vorstellung eines Wendepunkts gut abbildet. Schließlich bedeutet der Übergang von einer Links- in eine Rechtskurve, dass die Steigung zunächst zu- und dann abnimmt. Das aber heißt, dass f' an der Wendestelle ein lokales Maximum hat.

Verlockend ist der Vorschlag, weil sich die Kriterien für lokale Extrema *definitionsgemäß* unmittelbar auf f' anwenden lassen ohne Rückgriff auf ein inhaltliches Verständnis der obigen Beweisargumente.

Leider hält dieser Vorschlag einer näheren fachlichen Prüfung nicht stand. Auch hier müssen wir in die Kiste ‚pathologischer' Funktionen greifen. Man denke etwa an eine Funktion, deren Ableitung – wie bereits gesehen – so aussieht:

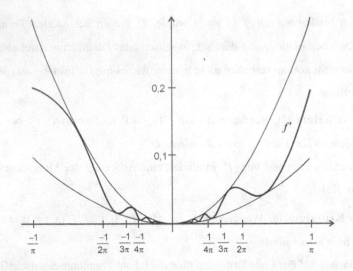

f' hat zwar an der Stelle $x_0 = 0$ ein lokales Minimum, hat aber in keiner noch so kleinen Umgebung links oder rechts von x_0 ein einheitliches Monotonieverhalten.

Das Beispiel zeigt, dass mit dem neuen Definitionsvorschlag Punkte zu Wendepunkten erklärt werden, die im ursprünglichen Sinne keine sind. Verantwortlich ist wieder die von der Intuition nicht eingeholte Allgemeinheit des analytischen Ableitungsbegriffs.

Zur weiteren Unterstützung unserer Position, an der ursprünglichen Definition festzuhalten, verweisen wir auf den nachfolgenden Kasten.

BERNOULLIs Verständnis von Wendepunkten

Was spricht eigentlich dagegen, Wendestellen als lokale Extremstellen der ersten Ableitung zu definieren?

Hören wir was J. BERNOULLI im Jahre 1691 zum Begriff des Wendepunktes sagt:

Es gibt gewisse Kurven, die eine zwiefache Krümmung haben, zuerst nämlich gegen die Achse konkav und nachher konvex gegen sie oder umgekehrt, erst konvex und dann konkav; derjenige Punkt, der die beiden Krümmungen trennt, der das Ende der ersten und der Anfang der zweiten ist, heißt Wendepunkt.

Dabei ist in BERNOULLIs Verständnis ein Kurvenstück konkav (konvex) ge-
krümmt, wenn *jede* Sehne ganz oberhalb (ganz unterhalb) der Kurve verläuft.

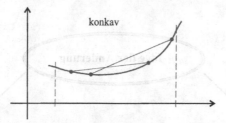

konkav

Man sieht: BERNOULLI definiert Wendepunkte ohne Rückgriff auf die Ableitung.

Jetzt kommt der entscheidende Punkt, der zeigt, warum wir Wendestellen über
die Änderung des Monotonieverhaltens der ersten Ableitung und *nicht* über ihre lokalen Extremstellen definiert haben: Für differenzierbare Funktionen ist
nämlich Bernoullis Definition nur mit unserer mathematisch äquivalent. Den
Beweis dafür übergehen wir.

5.2.4 Übergreifender Gesichtspunkt

Die entfalteten Kriterien der Kurvendiskussion sind durch eine gemeinsame Leitidee verbunden, nämlich die Idee der *Änderung*.

Entwicklung und Begründung der Kriterien stützen sich auf die Änderung des
Monotonieverhaltens (bei den Extrema das der Ausgangsfunktion, bei den Wendepunkten das der Ableitung). Daher kann es nicht überraschen, dass das Monotoniekriterium eine zentrale Stellung hat. Im Übrigen ist der Begriff der Monotonie selbst nur verstehbar unter der Leitidee der Änderung.

Schließlich erinnern wir daran, dass der Ableitungsbegriff als zentraler Grund-
begriff der Analysis von der Idee der Änderung getragen wird: Ableitung als lokale *Änderungsrate* (vgl. hierzu Kap. 3.2). Das Thema der schulklassischen Kurvendiskussion im Rahmen der Differenzialrechnung ist also die Beziehung von Monotonie und Ableitung, und die strukturierende Leitidee ist die Idee der Änderung.

Die nachfolgende Übersicht will den beschriebenen Begründungszusammenhang sichtbar machen.

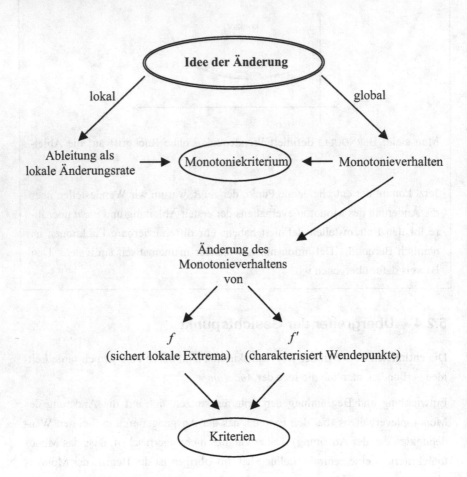

Übersicht zu den Kriterien der Kurvendiskussion

5.3 Wege der Öffnung

An einer Reihe kommentierter Beispiele soll gezeigt werden, dass die im Analysisunterricht so gut etablierte Kurvendiskussion sehr wohl eine Zukunft hat, wenn sie sich den schon zu Beginn dieses Kapitels genannten Perspektiven öffnet. Diese sind

- eine stärkere Betonung qualitativer Analysis,

- die Einbeziehung von Anwendungskontexten,

- die kluge Nutzung neuer Technologien und

- eine veränderte Aufgabenkultur.

5.3.1 Erste Schritte

Es ist durchaus möglich, etablierten und zu Recht kritisierten Aufgaben durch leichte Akzentverschiebungen und Ergänzungen eine neue Qualität zu geben. Starten wir mit der am Anfang des Kapitels zitierten typischen Aufgabe zur traditionellen Kurvendiskussion.

Gegeben ist die Funktionenschar f_a ($a > 0$) mit

$$f_a(x) = \frac{1}{a} e^{-ax^2}, \ x \in \mathbb{R}.$$

a) Diskutiere f_a (Symmetrie, Asymptoten, Nullstellen, Hoch- und Tiefpunkte, Wendepunkte). Zeichne für $a = \frac{1}{4}$ die Graphen von f_a und $f_a{}'$ in dasselbe Koordinatensystem (im Intervall $[-4, 4]$, 1 LE = 2 cm).

b) Man bestimme die Koordinaten des Schnittpunktes S_a der Graphen von f_a und $f_a{}'$. Welche Gleichung und welchen Definitionsbereich hat die Ortskurve aller Punkte S_a?

148

Wir geben eine kleine Auswahl denkbarer Teilaufgaben, die die Auseinandersetzung mit der vorgegebenen Funktionenschar anders akzentuieren. Es folgt jeweils eine Kommentierung.

(1) Die Zeichnung zeigt die Graphen von f_a und f_a' im selben Koordinatensystem. Welchen Wert hat der Parameter a?

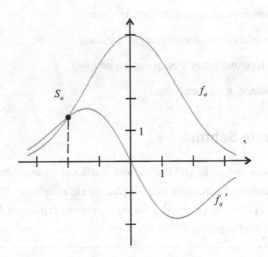

Der frühe Blick auf die graphische Darstellung schafft eine ganz andere Orientierung für die Auseinandersetzung mit der Funktionenschar als ursprünglich angelegt. Man wird nicht von vornherein fixiert auf die algebraisch ausgerichtete Abarbeitung eines eingeschliffenen Programms.

Für die Bearbeitung der Frage nach dem Parameterwert sind verschiedene Lösungsansätze möglich:
Man kann den erkennbaren Kurvenpunkt (0|4) in die Funktionsgleichung einsetzen und so $a = \frac{1}{4}$ gewinnen oder – aufwändiger – über die Beobachtung, dass sich f_a und f_a' offenbar bei $x = -2$ schneiden, die entsprechende Gleichung lösen. (Dies ist die algebraische Strategie.)

Bei experimenteller Orientierung lässt man unter Einbeziehung eines Funktionenplotters für verschiedene Werte von a die Graphen von f_a und $f_a{'}$ zeichnen und schaut, wann es passt.

In jedem Fall wird eine heuristisch-aktive Grundhaltung gegenüber der gesamten Aufgabe begünstigt (Grunderfahrung G3).

(2) Gibt es Eigenschaften, die für alle Funktionen der Schar gelten? (Mit Begründung.)

Diese Frage öffnet viel stärker für eine echte „Diskussion" der Kurvenschar als das vorstrukturierende Original. Sie fordert zum Erkunden, Vermuten und Begründen heraus.

Wieder kann man einerseits eher statisch mit algebraischen Mitteln loslegen und – unterstützt durch das vorhandene Bild – sozusagen für beliebiges, aber festes a den Funktionsterm bearbeiten. Dann ist man in der Schiene der zitierten Aufgabe, Teil a), allerdings mit dem wichtigen Unterschied, dass man bereits durch ein charakteristisches Bild geleitet ist.

Andererseits kann man die Aufgabe eher dynamisch betrachten (a variiert) und – unterstützt durch den Funktionenplotter – die Invarianten erkunden. Natürlich wird man für die Begründung der vermuteten Ergebnisse zum Funktionsterm greifen (müssen). Entscheidend ist wieder, dass in der eher divergent angelegten Aufgabenstellung Raum ist für heuristische Aktivitäten.

(3) Der Graph der Ableitung $f_a{'}$ ist punktsymmetrisch zum Ursprung. Dies ist mit und ohne Rechnung zu begründen.

Zu einer lebendigen Kurvendiskussion gehören Elemente, in denen sich algebraische (analytische) und geometrische Denkweisen begegnen. Hier hat man ein typisches Beispiel: Die algebraische Sicht hat die definierende Beziehung $f(-x) = -f(x)$ im Blick, die zu verifizieren ist, während man aus geometrischer Sicht etwa argumentieren kann, dass wegen der Achsensymmetrie des Ausgangsgraphen Punkte mit demselben Abstand zum Nullpunkt bis aufs Vorzeichen dieselbe Steigung haben.

(4) Bestimme die lokalen Extrema von f_a und bestätige das Ergebnis ohne Rückgriff auf die Ableitung.

In der üblichen Weise gelangt man – bestätigt durch das Startbild – zu dem einzigen Hochpunkt $H\left(0 \mid \dfrac{1}{a}\right)$. (Ein lokales Minimum kann es aus Monotoniegründen nicht geben.) Die Forderung, das Ergebnis ohne den Ableitungskalkül zu begründen, verlangt ein begriffliches Verständnis lokaler Extrema. Dass alle Funktionswerte lokal (hier sogar global) um $x_0 = 0$ herum kleiner sind als $f_a(0)$, ist leicht aus dem Funktionsterm zu begründen.

Diese Aufgabe ist prototypisch für das Ziel, dem erstarrten Kalkül der Kurvendiskussion entgegenzuwirken.

(5) Ist es möglich, den Parameter a so zu wählen, dass der Graph von f_a den Punkt $W(1 \mid 1)$ als Wendepunkt hat?

Die Aufgabe lädt zur offenen Erkundung ein und vielleicht wird man auf experimentellem, rechnerunterstütztem Wege bald die Überzeugung gewinnen, dass es *nicht* möglich ist. Eine Begründung gelingt, indem man in der üblichen Weise den (im ersten Quadranten gelegenen) Wendepunkt zu $W_a\left(\dfrac{1}{\sqrt{2a}} \mid \dfrac{1}{a\sqrt{e}}\right)$ berechnet und feststellt, dass nicht zugleich beide Koordinaten gleich 1 sein können.

Hier ist die sonst gedankenarme Wendepunktberechnung in eine herausfordernde Frage eingebettet.

(6) In welcher Weise spiegeln sich die Wendepunkte von f_a als besondere Punkte im Graphen von $f_a{'}$? Gilt dieser Zusammenhang allgemein?

Dies ist ein typisches Element qualitativer Kurvendiskussion. Zunächst ist es über das Startbild möglich, rein phänomenologisch die Wendepunkte von f mit den lokalen Extrempunkten von f' in Beziehung zu setzen. Eine allgemeine Begründung erfordert ein intuitiv-geometrisches Verständnis von Wendepunkten und lokalen Extrema sowie eine qualitative Argumentation über die Änderung des Monotonieverhaltens von f' (vgl. hierzu den letzten Abschnitt 5.2).

Diese Aufgabe erfordert für die Darstellung der Lösung Elemente eines mathematischen Aufsatzes und stellt wegen der unterliegenden Allgemeinheit hohe Ansprüche. Gleichwohl hat man bereits zur Lösung beigetragen, wenn man den Sachverhalt aus dem Bild heraus lediglich abliest.

(7)   Für welche a schneiden sich die Graphen von f_a und $f_a{'}$? Berechne gegebenenfalls den Schnittpunkt S_a sowie die Kurve, auf der alle Schnittpunkte S_a liegen.

Im Vergleich zur ursprünglichen, strikt konvergent gestellten Teilaufgabe b) tritt hier bei gleichem inhaltlichen Gehalt ein Element der Öffnung hinzu. Das spezielle Startbild sichert eben nicht, dass für *jeden* Parameterwert ein Schnittpunkt entsteht. Und indem man dies in Frage stellt, stärkt man die Auseinandersetzung mit der Variabilität der Funktionenschar.[1]

(8)   Untersuche, wie sich mit wachsendem a der Graph von f_a verändert. Beschreibe und begründe!

Diese Frage kann mit dem dynamischen Funktionenplotter experimentell erkundet werden mit dem Ergebnis, dass der Graph von f_a mit wachsendem a flacher und zugleich gestauchter wird.

Eine qualitative (aber vollständige) Begründung könnte so aussehen: Die Umformung des Funktionsterms zu $f_a(x) = \dfrac{1}{a} e^{-(\sqrt{a}x)^2}$ zeigt, dass die Glockenkurve $y = e^{-x^2}$ mit wachsendem a längs der y-Achse mit dem Faktor $\dfrac{1}{a}$ gestaucht wird und ebenso längs der x-Achse mit dem Faktor $\sqrt{a}$.

---

[1] Die Antwort ist positiv und die Ortskurve hat die Gleichung $y = -2xe^{\frac{x}{2}}$, $x < 0$.

Diese Begründung lässt sich unterstützen, wenn man die bisherigen Ergebnisse unserer Kurvendiskussion nutzt: Der Hochpunkt $H_a\left(0 \mid \frac{1}{a}\right)$ wandert mit wachsendem a von oben auf den Ursprung zu. Die beiden Wendestellen $x = \pm \dfrac{1}{\sqrt{2a}}$ wandern mit wachsendem a aufeinander zu.

In dieser Argumentationslinie werden zur Begründung des experimentell gefundenen Sachverhalts qualitative Argumente mit zuvor quantitativ gewonnenen Resultaten zusammengeführt. Das ist ein Qualitätsmerkmal „guter" Kurvendiskussion.

Rückblickend stellen wir fest, dass die bisher gemachten Änderungsvorschläge zur Aufgabenstellung drei der vier eingangs genannten Perspektiven der Öffnung aufgenommen haben, nämlich eine Betonung qualitativer analytischer Argumente, die Nutzung elektronischer Helfer und eine Öffnung der Aufgabenstellung.

Die vierte Perspektive – nämlich die Anwendungsorientierung im Sinne der Einbeziehung von Sachkontexten – kam bisher nicht vor. Wie dies in Ergänzung der vorliegenden Aufgabe möglich ist, soll jetzt verfolgt werden.

Echte Anwendungsorientierung im Sinne modellbildender Aktivitäten geht von einem außermathematischen Sachkontext aus, modelliert diesen mit Hilfe einer geeigneten Funktionenklasse und diskutiert diese dann mit Mitteln der Kurvendiskussion. Hier liegt der umgekehrte Fall vor: Gegeben ist eine Funktion (im Beispiel eine Schar), und wir fragen nach einem passenden Sachkontext. Wünschenswert sind solche Kontexte, die nicht nur auf die spezielle Klasse der vorgelegten Funktion passen, sondern eine universellere Bedeutung haben. Zugleich sollte der Kontext Fragen ermöglichen, die sinnvolle Operationen mit der vorgelegten Funktion stimulieren.

Hier ist ein Vorschlag, wie unser Aufgabenbeispiel ergänzt werden kann.

(9)   Wir nehmen die Ableitungsfunktion $f_a{}'$ für $a = 0,25$ (siehe Startbild). x sei die Zeit (in Minuten); zur Zeit $x = 0$ sei ein Öltank mit 500 Litern gefüllt. $f_{0,25}{}'(x)$ gebe die Zuflussgeschwindigkeit (in 100 Liter pro Minute) zum Zeitpunkt x an.

(a) Gesucht ist ein Term für den Ölvorrat (in 100 Litern) zur Zeit x ($x \geq 0$).

(b) Wann ist der Tank zur Hälfte entleert?

(c) Welche Vorratsgrenze kann auch bei beliebig langer Ablaufzeit (theoretisch) nicht unterschritten werden?

Teil (a) verlangt, die Ableitung im Grundverständnis der lokalen (hier momentanen) Änderungsrate zu interpretieren[1] und damit zu erkennen, dass der Ölvorrat im Wesentlichen (nämlich bis auf eine additive Konstante) mit der Ausgangsfunktion $f_{0,25}$ übereinstimmt. Dieser im Kern kinematische Zusammenhang ist über das Beispiel hinaus von universeller Bedeutung. Der Ölvorrat V zum Zeitpunkt x errechnet sich zu $V(x) = 4\mathrm{e}^{-0,25x^2} + 1$ (in 100 Litern).

Die Frage in Teil (b) genügt dem genannten Gütekriterium, im Sachkontext sinnvoll zu sein und zugleich eine relevante Operation zu stimulieren, hier ist es die Umkehrung der Berechnung von Funktionswerten. (Die Lösung der Gleichung $V(x) = 2,5$ führt auf $x \approx 2$, d.h. nach bereits etwa 2 Minuten ist der Tank halb leer; ein Ergebnis, das einen interpretativen Blick auf die Graphen des Startbildes herausfordern kann.)

In Teil (c) wird die asymptotische Eigenschaft der Ausgangsfunktion in der Sprache des Sachkontextes interpretiert.[2] (Die untere Vorratsgrenze ist 100 Liter, da $\lim_{x \to \infty} V(x) = 1$ ist.) Mit Hilfe des Kontextes kann man hier inhaltlich gut verstehen, dass Ausgangs- und Ableitungsfunktion einander bedingen.

Abschließend stellen wir fest, dass sich die gewählte Einkleidung im Ergänzungsvorschlag (9) als sehr förderlich für das inhaltliche Verstehen analytischer Begriffe erwiesen hat: Zum einen aktualisiert die Aufgabe das Grundverständnis der Ableitung als lokale Änderungsrate. Sodann wird die Beziehung von Funktion und Ableitung – als Kern der qualitativen Kurvendiskussion – in einem sinnfälligen Kontext greifbar und leicht beschreibbar. Und

---

[1] Vgl. hierzu Abschnitt 3.2.

[2] Eine weitergehende hier nicht behandelte Frage berührt die Passung des mathematischen Modells mit der Realität.

schließlich unterliegt der Aufgabe das tragende Grundverständnis des Integrierens als Rekonstruieren[1] (hier wird der Ölvorrat aus der Kenntnis der Zuflussgeschwindigkeit rekonstruiert). So gesehen stellt der Sachkontext eine Sprache bereit, die das Verständnis abstrakter Begriffe unterstützt. Man sieht: Auch eine von echten Anwendungen weit entfernte Einkleidung kann didaktisch sinnvoll sein.[2]

5.3.2   Echte Anwendungen

Anwendungen im Sinne echter modellbildender Aktivitäten erfordern eine gründliche Auseinandersetzung mit einem außermathematischen Sachkontext, der dann mathematisiert wird. Für den Unterricht geeignete Beispiele sind deshalb rar, weil einerseits eine sachgerechte Beschäftigung mit dem Kontext alle Beteiligten schnell überfordert und den verfügbaren Rahmen sprengt und andererseits eine adäquate Mathematisierung mit schulmathematischen Mitteln oft nicht gelingt.

Dennoch gibt es einige wenige gute und erprobte Beispiele, die einen relevanten Sachkontext berühren, für die Erfahrungswelt der Schüler eine gewisse Authentizität beanspruchen können und die schulmathematischen (hier die schulanalytischen) Möglichkeiten nicht übersteigen. Zu diesen Beispielen zählt die „Milchtüte", mit deren Behandlung man in natürlicher Weise im Herzen der Kurvendiskussion ist.[3]

Beispiel

Vor uns steht eine 1 Liter-Milchtüte aus dem Penny-Markt (Tetra Pak). Wir sind neugierig, *ob Tetra Pak bei der Herstellung dieser Milchtüte darauf achtet, möglichst wenig Pappe zu verbrauchen.* Also trinken wir die Tüte leer, trennen sie vorsichtig an den Kleberändern auf und entfalten sie.

---

[1] Vgl. hierzu Abschnitt 4.2.

[2] Im Falle der hier diskutierten Funktionenklasse (mit der Gaußschen Glockenkurve als Baustein) sind auch stochastische Situationen als passende Einkleidung denkbar.
Solche Einkleidungen haben das Ziel, zu einer „vorstellungsorientierten Untersuchung von funktional beschriebenen Prozessen" beizutragen (Hahn/Prediger 2004).

[3] Für eine Diskussion des Beispiels unter dem Aspekt der Modellbildung vergleiche etwa Danckwerts/Vogel 2001f sowie Abschnitt 6.2.3.

Man erhält folgendes Faltnetz:

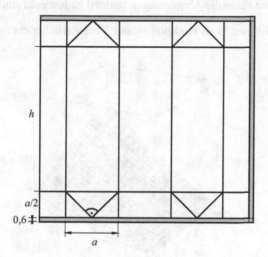

Das Faltnetz

Das hochsymmetrische Faltnetz ist ein Rechteck mit gleich breiten Kleberändern der Stärke 6 mm.

Unsere Tüte hat die Maße $a = 7{,}1$ cm und $h = 19{,}7$ cm. Dies führt rein rechnerisch zum Inhalt $V = (7{,}1 \text{ cm})^2 \cdot 19{,}7 \text{ cm} \approx 993 \text{ cm}^3$. Nun ist die gefüllte Tüte leicht bauchig, so dass auf jeden Fall 1 Liter = 1000 cm³ hineinpasst (und sogar noch Platz zum Aufschütteln bleibt).

Jetzt sind wir gespannt, ob diese Maße für a und h tatsächlich optimal sind.

Die geeignete Perspektive auf diese Frage ist die Wahrnehmung von a (Kanten-länge der quadratischen Bodenfläche) und h (Höhe) als *variierbare* Größen.[1] Da-

---

[1] Dies ist kein einfacher Schritt, da der Blick auf das *statische* Faltnetz überwunden werden muss.

mit kommt die funktionale Abhängigkeit der Rechteckfläche (Materialverbrauch) von den Abmessungen a und h in den Blick. Die zu untersuchende Funktion zweier Veränderlicher ist dann (ablesbar aus dem Bild)

$$M(a,h) = (h + 2 \cdot \frac{a}{2} + 2 \cdot 0{,}6) \cdot (4a + 0{,}6) \ .$$

Man mache sich klar, dass hier nicht das Optimierungsproblem „Wie verpacke ich 1 Liter Milch materialminimal?" bearbeitet wird, vielmehr wird untersucht, wie bei der *vorgegebenen Form* die Abmessungen optimal zu justieren sind.

Ein schneller 3D-Plot von M als Funktion zweier Veränderlicher enttäuscht:

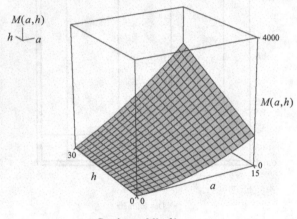

Graph von $M(a,h)$

Abgesehen vom irrelevanten globalen Minimum bei $a = h = 0$ ist wenig zu erkennen. Erst der Rückbezug auf die Problemstellung macht bewusst, dass der Graph in seiner Gesamtheit nicht von Interesse ist.[1] Zu berücksichtigen ist eben die (gemeinhin als Nebenbedingung bezeichnete) Abhängigkeit der Variablen a und h:

$$a^2 \cdot h = 1000 \quad \text{(festes Volumen 1 Liter)}^2$$

---

[1] Hier kann sich die Einsicht anbahnen, dass der Einsatz potenter Hilfsmittel reflektierter Begleitung bedarf.

[2] Nimmt man hier statt der 1000 die errechneten 993, sind die Auswirkungen vernachlässigbar. Man beachte auch, dass die realen Daten mit Unsicherheiten behaftet sind.

Durch diese Bedingung wird in der Fläche $M(a,h)$ die interessierende Kurve ausgezeichnet.

Nach Elimination von h in $M(a,h)$ erhält man

$$M(a) = \left(\frac{1000}{a^2} + a + 1,2\right)(4a + 0,6),$$

also

(1) $M(a) = 4a^2 + 5,4a + 0,72 + \dfrac{4000}{a} + \dfrac{600}{a^2}$ $(a > 0)$.

Diese funktionale Abhängigkeit mit Blick auf die Problemstellung zu „diskutieren" heißt, nach dem globalen Minimum der Funktion zu fragen. Ein schneller – und hier angebrachter – Griff nach dem Plotter macht augenfällig, dass es ein wohlbestimmtes Minimum gibt:

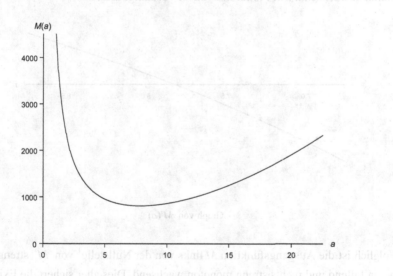

Graph von $M(a)$

Ehe man vorschnell zum Ableitungskalkül für die Berechnung lokaler Extrema greift, wird man das visuelle Ergebnis durch ein qualitatives analytisches Argument stützen: Für kleine a sind die ersten drei Summanden in (1) klein (polynomialer Anteil) und die letzten beiden groß (hyperbolischer Anteil); für große a ist es umgekehrt, d.h. für kleine wie für große a ist $M(a)$ groß. Daher ist es plausi-

158

bel, dass irgendwo in der Mitte das Minimum liegt. Diese Argumentation ist ein typisches Element qualitativer Kurvendiskussion.

Für eine analytische Fundierung dieses qualitativen Arguments wird man eine Monotoniebetrachtung anstellen und dafür das Monotoniekriterium nutzen: Ein Blick auf die Eigenschaften der ersten und zweiten Ableitung enthüllt alles.

$$M'(a) = 8a + 5,4 - \frac{4000}{a^2} - \frac{1200}{a^3}$$

$$M''(a) = 8 + \frac{8000}{a^3} + \frac{3600}{a^4}$$

Offensichtlich ist M'' wegen $a > 0$ beständig positiv und damit M' durchgängig monoton wachsend. Ein Plotterbild von M' bestätigt dies:

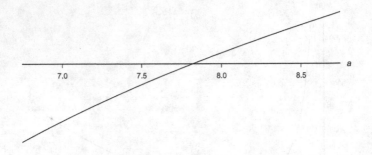

Graph von $M'(a)$

Folglich ist die Ausgangsfunktion M links von der Nullstelle[1] von M' streng monoton fallend und rechts streng monoton wachsend. Dies aber sichert die Existenz eines eindeutig bestimmten Minimums.

Die interessierende Nullstelle von M' lässt sich mit vorgegebener Genauigkeit als numerisches Ergebnis aus dem Plotterbild von M' ablesen. Man erhält

$$a \approx 7,8 \; .$$

---

[1] Die Existenz der Nullstelle von M' lässt sich entsprechend wie oben qualitativ begründen: Für kleine a dominiert der negative hyperbolische Anteil von $M'(a)$, für große a der positive polynomiale Anteil. (Analytischer Hintergrund für diese Argumentation ist der Zwischenwertsatz für stetige Funktionen.) Die Eindeutigkeit der Nullstelle folgt aus der Monotonie von M'.

Dieses Ergebnis weicht erheblich von dem realen Wert $a \approx 7,1$ cm ab. Diese Abweichung von immerhin 9 % zieht allerdings nur einen Mehrverbrauch an Material von etwa 2 % nach sich. Dieser Sachverhalt bildet erneut ein Element qualitativer Kurvendiskussion ab: In der Nähe eines lokalen Extremums ändern sich die Funktionswerte nur wenig. Wie günstig die Verhältnisse hier liegen, zeigt der flache Durchgang des Graphen von M' durch die Nullstelle (s. Bild).[1]

Wer reflexartig zum Ableitungskalkül für die Berechnung lokaler Extrema greift, verengt seinen Blick auf die Lösung der Gleichung $M'(a) = 0$, die als Gleichung vierten Grades mit schulalgebraischen Mitteln nicht handhabbar ist.[2] Eine problemgemäße Beschränkung auf die numerische Lösung ändert nichts daran, dass der Standardkalkül lediglich das *lokale* Minimum sichert. Durch die fällige Randwertuntersuchung kommen dann auch hier die beschriebenen qualitativen Zusammenhänge ins Spiel.

Fazit

Im Rahmen echter Anwendungen entstehen häufig Optimierungsprobleme, so wie bei der Milchtüte. Statt im Stile einer schematischen Kurvendiskussion reflexartig das analytische Standardverfahren zur Berechnung relativer Extrema anzuwerfen, wird hier dafür plädiert, im Sinne einer *qualitativen* Kurvendiskussion die relevanten Eigenschaften der Zielfunktion herauszuarbeiten. Als fruchtbar erweist sich die Balance zwischen dem empirisch-numerischen und dem theoretischen Standpunkt.[3] Erst letzterer beruht auf jener fachlichen Orientierung, wie sie im Abschnitt 5.2 entfaltet wurde. Für den empirisch-numerischen Standpunkt genügt im Allgemeinen die numerisch-graphische Potenz von Rechnern.

Von den vier genannten Perspektiven der Öffnung werden in der Diskussion der „Milchtüte" drei realisiert: Betonung qualitativer Analysis, Einbeziehung von Anwendungskontexten und Nutzung neuer Technologien.

---

[1] Im Sachkontext des Optimierungsproblems heißt dies: Der Hersteller der Milchtüte gewinnt Entscheidungsspielraum, weil er sich lediglich in hinreichender Nähe der optimalen Abmessung bewegen muss. Für ihn hat die Mathematik einen begrenzten, aber relevanten Nutzen. Vgl. hierzu Abschnitt 6.2.3.

[2] Auch ein Computer-Algebra-System schafft hier nur neue Hürden, weil die hochkomplexen algebraischen Wurzelterme eher erschrecken und interpretiert werden müssen.

[3] Vgl. hierzu Abschnitt 6.1.1.

Wir halten fest, dass der Klassiker „Milchtüte" hier nicht unter dem wichtigen Aspekt der Modellbildung (mit Berücksichtigung des Modellbildungskreislaufs) thematisiert wurde.[1] Im Mittelpunkt stand die Frage, welche Rolle Elemente einer „guten" Kurvendiskussion in Anwendungszusammenhängen spielen können.

5.3.3 Echte Kurven

Fragt man Abiturienten, was man unter einer Kurve versteht, bekommt man ziemlich sicher die Auskunft, dass es sich um einen (kartesischen) Funktionsgraphen handelt. Hier hat die etablierte Kurvendiskussion ihre Spuren hinterlassen. Im Folgenden soll es um die didaktischen (nicht primär fachlichen) Möglichkeiten einer Erweiterung des Kurvenverständnisses gehen.

Beispiel

Jeder ist schon einmal auf der Kirmes jenen Teufelsgeräten begegnet, die auch dem stabilsten Magen zusetzen können (s. Bild).

Schon die schlichte *Frage, wie die Bahnkurve eines Fahrgastes aussieht*, kann einen in Verlegenheit bringen, wenn man lediglich gewohnt ist, zu vorgelegtem Funktionsterm den zugehörigen Graphen zu zeichnen. Hier dagegen werden in natürlicher Weise heuristische Aktivitäten mobilisiert (Grunderfahrung G3). Das Ergebnis ist nicht offensichtlich und kann nicht ohne weiteres algorithmisch abgearbeitet werden. Der Aufforderungscharakter ist hoch. Hier muss ein Prozess der

---

[1] Dies geschieht in Abschnitt 6.2.3 am Beispiel der Konservendose.

Mathematisierung in Gang gesetzt werden (Grunderfahrung G1). Es öffnet sich ein reiches Feld für Erkundungen.

Eine solche freie Erkundung könnte an einem Modell beginnen, das aktive Handlungen stimuliert:

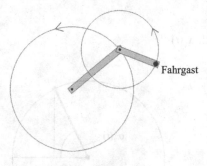

Enaktives Modell

Der Fahrgast bewegt sich auf einem Kreis, dessen Mittelpunkt seinerseits einer Kreisbewegung unterliegt. Dem Problem angemessen ist, die Zeit als Parameter zu nehmen.[1]

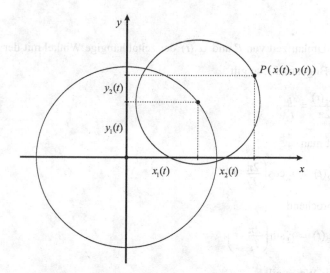

Eine passende Mathematisierung mit der Zeit t als Parameter

---

[1] Wir nehmen an, dass beide Kreisbewegungen gleichförmig sind.

Offenbar gilt

$$x(t) = x_1(t) + x_2(t)$$

und

$$y(t) = y_1(t) + y_2(t)$$

Wie entwickelt sich $x_2(t)$?

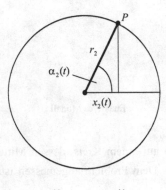

$$x_2(t) = r_2 \cdot \cos \alpha_2(t)$$

Ist T_2 die Umlaufzeit von P und $\alpha_2(t)$ der zeitabhängige Winkel mit der Horizontalen (im Bogenmaß), so gilt

$$\frac{\alpha_2(t)}{2\pi} = \frac{t}{T_2}.$$

Damit hat man

$$x_2(t) = r_2 \cos\left(\frac{2\pi}{T_2} \cdot t\right)$$

und entsprechend

$$y_2(t) = r_2 \sin\left(\frac{2\pi}{T_2} \cdot t\right).$$

In gleicher Weise gilt

$$x_1(t) = r_1 \cos\left(\frac{2\pi}{T_1} \cdot t\right)$$

$$y_1(t) = r_1 \sin\left(\frac{2\pi}{T_1} \cdot t\right).$$

Damit werden die Koordinaten x und y des laufenden Punktes P als Funktion der Zeit t beschrieben durch

$$x(t) = r_1 \cos\left(\frac{2\pi}{T_1} \cdot t\right) + r_2 \cos\left(\frac{2\pi}{T_2} \cdot t\right)$$

$$y(t) = r_1 \sin\left(\frac{2\pi}{T_1} \cdot t\right) + r_2 \sin\left(\frac{2\pi}{T_2} \cdot t\right)$$

Zum Startzeitpunkt $t = 0$ befindet sich P auf der x-Achse bei $x = r_1 + r_2$.

Nach dieser erfolgreichen Mathematisierung kann man das Zeichnen der Kurve einem Rechner übertragen. Je nach Wahl der Parameter r_1, r_2, T_1 und T_2 entsteht eine große Zahl verschiedenster Bahnkurven (s. Bild).

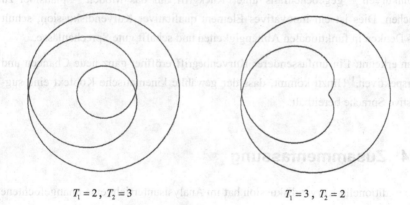

$T_1 = 2$, $T_2 = 3$ $T_1 = 3$, $T_2 = 2$

gleicher Umlaufsinn
und $r_1 = 5$, $r_2 = 3$

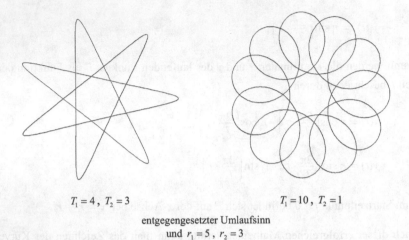

$$T_1 = 4, \; T_2 = 3 \qquad\qquad\qquad T_1 = 10, \; T_2 = 1$$

entgegengesetzter Umlaufsinn
und $r_1 = 5$, $r_2 = 3$

Dieser „Zoo" interessanter Objekte lädt zu vielen Fragen und Erkundungen ein. Das beginnt mit der durchaus herausfordernden Aufgabe, die Entstehung dieser Bahnkurven – gegebenenfalls unter Rückgriff auf das Modell – plausibel zu machen. Dies ist ein innovatives Element qualitativer Kurvendiskussion, schult das Denken in funktionalen Abhängigkeiten und schafft gute Sprechanlässe.

Man erkennt: Ein umfassenderer Kurvenbegriff eröffnet ganz neue Chancen und Perspektiven.[1] Hinzu kommt, dass der gewählte kinematische Kontext eine suggestive Sprache bereithält.

5.4 Zusammenfassung

Die traditionelle Kurvendiskussion hat im Analysisunterricht eine unangefochtene Stellung. Ihre Tendenz, in der algorithmischen Orientierung zu erstarren, schwächt die Chance, zur Integration der drei Grunderfahrungen G1 bis G3 beizu-

---

[1] Vgl. hierzu etwa die Anregungen in Steinberg 1993 und 2005 sowie im Themenheft „Kurven" der Zeitschrift *mathematik lehren* (Heitzer 2005).
Mit Nachdruck wirbt Schupp für eine Wiederbelebung echter Kurven im Analysisunterricht. Ganz im Sinne des obigen Beispiels betont er: „Kurven erlauben objektexplorierenden Unterricht mit natürlichen Fragestellungen" (Schupp 1998, S. 15).

tragen. Um hier gegenzusteuern, genügen schon leichte Akzentverschiebungen.[1]
Es ist schon viel gewonnen, wenn man seine Aufmerksamkeit richtet auf

- eine stärkere Betonung qualitativer Elemente der Kurvendiskussion

- die Einbeziehung von Sachkontexten

- die konsequente Nutzung der Rechnermacht und

- die Einbeziehung divergenter Elemente bei der Aufgabenstellung.

Diese Perspektive stand im Mittelpunkt der skizzierten Wege der Öffnung (Abschnitt 5.3).

Da die schulklassische Behandlung des Themas mathematisch auf den üblichen Kriterien der Kurvendiskussion beruht, haben wir zur fachlichen Orientierung eine kommentierte Zusammenstellung vorausgeschickt (Abschnitt 5.2). Dreh- und Angelpunkt ist hier das Monotoniekriterium.

Insgesamt zeigt sich: Die verbreitete ambivalente Haltung aller Beteiligten zum Thema Kurvendiskussion lässt sich konstruktiv aufnehmen und im Sinne unserer Grundpositionen mit einer Perspektive versehen.

---

[1] Dafür plädiert auch Henn 2000a.

Aufgaben

1. Es folgt eine typische Aufgabe zur etablierten Kurvendiskussion.

    Gegeben ist die Funktionenschar f_a ($a > 0$) mit

    $$f_a(x) = -\frac{x^4}{2a} + x^2 + \frac{3a}{2}, \quad x \in \mathbb{R}.$$

    a) Untersuche f_a auf Symmetrie, Nullstellen, Hoch- und Tiefpunkte sowie Wendepunkte.

        Zeichne den Graphen von f_1 (im Intervall [-2, 2], 1 LE = 2 cm).

    b) Für welchen Wert von a schließt der Graph von f_a mit der x-Achse eine Fläche vom Inhalt $\frac{16}{5}\sqrt{3}$ FE ein?

    c) Zeige: Für $a_1 \neq a_2$ haben f_{a_1} und f_{a_2} keinen gemeinsamen Punkt.

    d) Bestimme die Gleichung der Ortskurve der Wendepunkte aller f_a.

    Machen Sie Vorschläge, wie sich diese Aufgabe im Sinne der skizzierten Wege der Öffnung (Abschnitt 5.3.1) modifizieren lässt.

2. Zu den skizzierten Wegen der Öffnung gehörte auch die Einbeziehung „echter" Kurven (Abschnitt 5.3.3). Das andiskutierte Beispiel (Kirmes) eröffnete einen Zoo interessanter Objekte, der zu vielen Fragen und Erkundungen einlädt.
    Welche Fragen und Erkundungen könnten dies sein?

Aufgaben für den Unterricht

3.

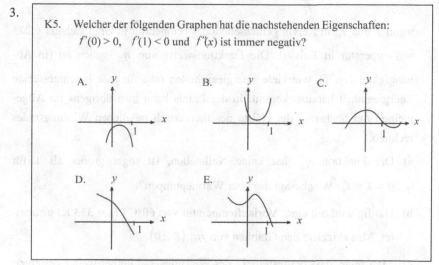

> K5. Welcher der folgenden Graphen hat die nachstehenden Eigenschaften:
> $f'(0) > 0$, $f'(1) < 0$ und $f''(x)$ ist immer negativ?
>
> A.   B.   C.
>
> D.   E.

Aufgabe aus der internationalen Vergleichsstudie TIMSS 3,
bei der Deutschland unterdurchschnittlich abschnitt.

4. Unter welcher Bedingung hat eine ganzrationale Funktion 4. Grades genau zwei (keine) Wendepunkte?
Kann eine solche Funktion genau einen Wendepunkt haben?

5. (*Wärmepumpe*) Ein Kühlschrank „pumpt" Wärme aus seinem Inneren nach draußen. Er ist eine *Wärmepumpe*. Man kann Wärmepumpen auch zum Heizen verwenden, indem man Wärme von draußen nach innen pumpt, z.B. der Umgebung eines Hauses Wärme entzieht und ins Innere bringt. Dort kann man etwa das Wasser einer Zentralheizung aufwärmen und so auf eine gewünschte Vorlauftemperatur T_0 bringen.

Der Vorteil von Wärmepumpen liegt darin, dass sie mehr Energie in die Wohnung pumpen, als sie selbst verbrauchen. Das Verhältnis der gepumpten zur verbrauchten Energie nennt man den *Wirkungsgrad* η der Pumpe. Er hängt von der Vorlauftemperatur T_0 und der jeweiligen „Außen"-Temperatur T ab. Theoretisch gilt der Zusammenhang

$$\eta_{T_0}(T) = \frac{1}{1 - \dfrac{T}{T_0}} \, ,$$

wenn T und T_0 in Kelvin gemessen sind. (Temperatur in Grad Celsius + 273 = Temperatur in Kelvin). Die Funktionswerte von η_{T_0} geben an (in Abhängigkeit von T), wie viele Energieeinheiten man für jede hineingesteckte Energieeinheit herausbekommt. In der Praxis kann man übrigens im Allgemeinen mit höchstens der Hälfte des theoretisch möglichen Wirkungsrades rechnen.

a) Die Funktion η_{T_0} hat keine Nullstellen, ist sogar größer als 1 für $0 < T < T_0$. Was besagt das über Wärmepumpen?

b) Häufig wird mit einer Vorlauftemperatur von 60°C ($T_0 = 333$ K) gearbeitet. Man skizziere den Graphen von $\eta_{333}(T \geq 0)$.

c) Man zeige, dass bei festem T_0 der Wirkungsgrad immer weiter gesteigert werden kann, wenn sich T der Vorlauftemperatur T_0 nähert. Theoretisch (!) kann η_{T_0} sogar beliebig groß werden. Wieso?

d) Auf die Außentemperatur T kann man im Allgemeinen keinen Einfluss nehmen. Warum ist es deswegen vorteilhaft, T_0 möglichst klein und damit nahe bei T zu wählen? Bei einem Heizungssystem mit großer Fläche für den Wärmeaustausch (wie etwa bei einer Fußbodenheizung) kann man T_0 tatsächlich klein halten, ohne auf behagliche Wärme zu verzichten.

e) Auf welchen Wert darf die Außentemperatur absinken, wenn man bei einer Vorlauftemperatur von 60°C noch mindestens einen Energiegewinn von 100 % haben will? (Die Wärmepumpe erreiche 50 % des theoretisch möglichen Wirkungsgrades.)

f) Als umweltbewusster Energiesparer ist man in einem Dilemma: Einerseits sind Wärmepumpen umweltfreundlich, andererseits benötigt man für ihren Betrieb Strom, der im Kraftwerk umweltbelastend mit geringem Wirkungsgrad (25 %) erzeugt wird. Bis zu welcher Außentemperatur ist für den Energiesparer der Betrieb einer Wärmepumpe gerade noch vertretbar? (Bedingungen wie in Teil e).)

6 Extremwertprobleme

Extremwertaufgaben haben im Analysisunterricht ihren festen Platz. Mit Recht, steht doch mit den Kriterien der Kurvendiskussion ein leistungsfähiger Kalkül zur Verfügung. Gelegentlich hat man allerdings den Eindruck, als wäre das Thema geradezu gebunden an den analytischen Kalkül. Diese verengte Sicht zu relativieren ist ein erster Schritt zur Öffnung. Welche Chancen des verständigen Umgangs mit dem Gegenstand sich dadurch ergeben, das ist Inhalt dieses Kapitels.[1]

Wir beginnen mit einem öffnenden Blick in die Praxis (Abschnitt 6.1) und diskutieren anschließend vier traditionell vernachlässigte Aspekte (Abschnitt 6.2). Dies sind

- die Kraft elementarer Methoden (6.2.1)
- die Einbeziehung historischer Momente (6.2.2)
- Aktivitäten zur Modellbildung (6.2.3) und
- die Nutzung des Mediums Computer (6.2.4).

Ziel ist es zu zeigen, in welcher Weise diese Aspekte zur Belebung des Themas beitragen können.

6.1 Ein Blick in die Praxis

6.1.1 Anmerkungen zum Standardkalkül

Die schulklassischen Kriterien der Kurvendiskussion sind ein leistungsfähiges Instrument zur Berechnung lokaler Extremwerte. Sie begründen den im Analysisunterricht traditionell vertrauten Algorithmus zur Lösung von Extremwertproblemen:

---

[1] Es stützt sich i. W. auf Danckwerts/Vogel 2001b und die dort verwendete Literatur. Besonders hervorheben wollen wir Schupp 1992.

> **1. Schritt**: Welche Größe ist zu optimieren? Stelle einen Funktionsterm auf.
>
> **2. Schritt**: Sind Variable zu eliminieren? Suche nach Nebenbedingungen.
>
> **3. Schritt**: Berechne die lokalen Extremstellen im Definitionsbereich.
>
> **4. Schritt**: Sind die lokalen Extrema auch global?
> Untersuche das Verhalten am Rande des Definitionsintervalls.
>
> **5. Schritt**: Wie ist das Ergebnis (im Sachkontext) zu interpretieren?

Wie dieses Rezept im Einzelfall anzuwenden ist, wird dem Leser vertraut sein und ist hier nicht Gegenstand der Diskussion. Ziel dieses Abschnitts ist es herauszuarbeiten, dass diesem Verfahren bereits eine *analytisch-theoretische* Perspektive innewohnt, die über eine Problemlösung aus *empirisch-numerischer* Sicht (etwa mit einem Funktionenplotter) weit hinausgeht. Wir diskutieren diesen Unterschied an einem dem Analysis-Lehrer wohlbekannten Beispiel. Der Computer (mit seiner numerischen, graphischen und algebraischen Potenz) wird dabei in natürlicher Weise ins Spiel kommen.

Beispiel
Die optimale Dose: Die empirisch-numerische Lösung

Welche Abmessungen hat die zylindrische 1l-Dose mit minimaler Oberfläche?

Es gibt gute Gründe für die Beliebtheit dieses Problems: Es ist unmittelbar zu verstehen, hat über die Konservendose einen Alltagsbezug, und dennoch ist die Lösung nicht offensichtlich. (Für manchen Schüler ist es nicht einmal selbstverständlich, dass die Oberfläche überhaupt variiert.)

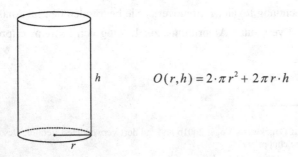

$$O(r,h) = 2 \cdot \pi r^2 + 2\pi r \cdot h$$

Nach Elimination der Höhe h über die Nebenbedingung

$$\pi r^2 h = 1 \qquad \text{(Radius } r \text{ und Höhe } h \text{ in dm)}$$

erhält man die Zielfunktion

$$O(r) = 2\left(\pi r^2 + \frac{1}{r}\right), \qquad r > 0.$$

Da mit größer werdendem r der Summand πr^2 zunimmt, der Summand $\frac{1}{r}$ aber abnimmt, ist nicht ohne Weiteres zu erkennen, für welchen Radius die Oberfläche minimal wird. Es ist wichtig, dieser Entdeckung im Unterricht Raum zu geben. Sie präzisiert das Gefühl, dass die Lösung nicht offensichtlich ist.

Ein Blick auf den Graphen von O genügt (Funktionenplotter), um das gesuchte Minimum hinreichend genau abzulesen:

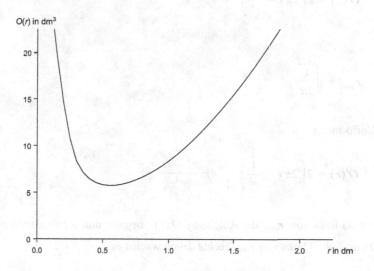

Die Oberfläche in Abhängigkeit vom Radius.

Das gesuchte Minimum liegt bei $r_{\min} \approx 0{,}54$ dm $= 5{,}4$ cm mit zugehöriger Höhe $h_{\min} \approx 10{,}9$ cm.

Damit ist das Problem der optimalen Dose gelöst, denn für den Praktiker genügt diese Genauigkeit allemal!

Das gestellte Problem wurde ohne Rückgriff auf den Ableitungskalkül vollständig gelöst. *Der Funktionenplotter hat die Bedeutung des theoretischen Kalküls relativiert.*

Die optimale Dose: Der theoretische Standpunkt

Vergleicht man die gefundenen Werte für Radius und Höhe, so bemerkt man: Die optimale Dose scheint dadurch ausgezeichnet zu sein, dass sie ebenso hoch wie breit ist. Wer sicher sein will, dass dies nicht nur näherungsweise, sondern exakt so ist, *muss eine theoretische Anstrengung auf sich nehmen.*

Hier ist unser Kalkül das Mittel der Wahl:

$$O'(r) = 2\left(2\pi r - \frac{1}{r^2}\right) = 0 \,,$$

also

$$r_{\min} = \sqrt[3]{\frac{1}{2\pi}} \;.$$

Die Umformung

$$O'(r) = 2\left(2\pi r - \frac{1}{r^2}\right) = 4\pi \frac{r^3 - \frac{1}{2\pi}}{r^2}$$

zeigt, dass links von $r_{\min}$ die Ableitung $O'(r)$ negativ und rechts davon positiv ist. Damit fällt O links von $r_{\min}$, rechts davon wächst es.

Folglich ist die Oberfläche der Dose für $r_{\min}$ minimal.[1]

---

[1] Dieses Argument beleuchtet einen wichtigen Punkt: Nicht immer wird man reflexartig zur zweiten Ableitung greifen (vgl. hierzu Kap. 5.2.2).

Die zugehörige Höhe h_{min} ist dann[1]

$$h_{min} = \frac{1}{\pi\, r_{min}^2} = \frac{1}{\pi\left(\sqrt[3]{\dfrac{1}{2\pi}}\right)^2} = \frac{\sqrt[3]{\dfrac{1}{2\pi}}}{\pi \cdot \dfrac{1}{2\pi}} = 2 \cdot \sqrt[3]{\frac{1}{2\pi}} = 2\, r_{min}\,.$$

Die Höhe der optimalen Dose ist exakt so groß wie ihr Durchmesser, d.h. die Dose ist in der Tat ebenso hoch wie breit.

Dieses (exakte) Ergebnis wäre ohne eine theoretische Anstrengung nicht zu haben gewesen. *Antworten auf theoretische Fragen sind eben nur mit theoretischen Hilfsmitteln möglich.*

Theoretische Einsichten haben ihren Preis. Sie beruhen auf machtvollen Werkzeugen, hier dem Ableitungskalkül mit den Kriterien der Kurvendiskussion. Diese sind ihrerseits angewiesen auf die Vollständigkeit der reellen Zahlen und damit auf eine Idealisierung, die in der ursprünglichen Problemstellung nicht zwingend angelegt ist. Die Nutzung eines Funktionenplotters kommt in der Tat ohne die Vollständigkeit allein mit den rationalen Zahlen aus. Fazit: *Eine auch noch so raffinierte Weiterentwicklung elektronischer Helfer wird an der Bedeutung theoretischer Modellierungen nichts ändern.*

Zusammenfassung

Im Zuge der stürmischen Weiterentwicklung elektronischer Werkzeuge wird es für den Analysisunterricht immer drängender, die *Beziehung zwischen dem empirisch-numerischen und dem theoretischen Standpunkt* schärfer in den Blick zu nehmen. Ein Paradebeispiel für dieses Spannungsfeld sind die Extremwertaufgaben. Hier erfährt der analytische Standardkalkül eine begründete Relativierung. Im Unterricht wird es darauf ankommen, die Berechtigung *beider* Standpunkte herauszuarbeiten.[2]

---

[1] Die mühsamen Termumformungen kann man einem Computer-Algebra-System überlassen.

[2] Vgl. hierzu auch Herget 2005.

6.1.2 Wege der Öffnung

Eine Fixierung auf das Standardverfahren verhindert die Vielfalt von Lösungsansätzen und Lösungsmethoden, schwächt so die heuristische Dimension, damit die Grunderfahrung G3, und letztlich die Akzeptanz des Unterrichts. Welche Aspekte des verständigen Umgangs mit dem Thema Extremwertprobleme sich durch eine Öffnung ergeben, lässt sich an einem einzigen Beispiel entfalten.

Es ist das *isoperimetrische Problem für Rechtecke*. Wir propagieren es keineswegs als ideales Einstiegsbeispiel für den Unterricht. Gleichwohl wird sich zeigen, dass sich daran unsere *grundlegenden Orientierungen* vorzüglich erläutern lassen.

Es geht um den bekannten

Satz (Isoperimetrisches Problem für Rechtecke)
Unter allen umfangsgleichen Rechtecken hat das Quadrat den größten Inhalt.

Der analytisch geübte Lehrer wird vielleicht sofort sagen: Klarer Fall, wenn a der feste halbe Umfang ist und x die eine Seitenlänge des Rechtecks, dann ist $a - x$ die andere. Die Zielfunktion $f(x) = x(a-x)$ ist zu maximieren.

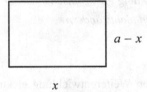

Aus $f(x) = -x^2 + ax$ folgt $f'(x) = -2x + a$, und $f'(x) = 0$ liefert $x = \dfrac{a}{2}$. Da

dann die andere Seite mit $a - x = a - \dfrac{a}{2}$ ebenfalls gleich $\dfrac{a}{2}$ ist, hat man ein Quadrat!

Aber die Sache geht tiefer ...

Verstehen des Problems

Jeder der dieses Problem schon einmal mit Schülern im Unterricht behandelt hat, weiß wie wenig selbstverständlich es ist, das Problem überhaupt zu verstehen. Selbst wenn man damit beginnt, das Problem der sinnlichen Wahrnehmung zugänglich zu machen, kann man Überraschungen erleben.

Man hält etwa einen Bindfaden fester Länge zwischen beiden Händen und lässt die Form des Rechtecks variieren (s. Bild).

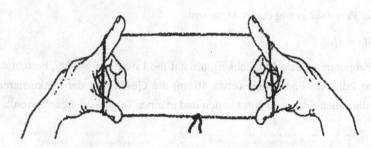

Damit ist das Verständnis des Problems noch lange nicht gesichert. Auf die Frage, was sich hier eigentlich ändert, antwortet etwa eine Schülerin: „Na alles natürlich, denn die Form des Rechtecks ändert sich ja laufend." Auf Nachfrage stellt sich heraus, dass sie tatsächlich davon überzeugt ist, dass hier Seitenlängen, Inhalt *und* Umfang variieren. Dass alle konkurrierenden Rechtecke wegen der festen Fadenlänge denselben Umfang besitzen, muss erst bewusst gemacht werden. Nur dann wird aus der Situation eine verstehbare Problemstellung. Dies gilt prinzipiell für jede Extremwertaufgabe. *Es kommt entscheidend darauf an, sich genau klar zu machen, was fest bleibt und was variiert.*

Es geht darum, sich noch vor der Problem*lösung* stärker um ein Verständnis der Problem*stellung* zu bemühen, so wie es schon Polya in seiner Heuristik empfohlen hat.[1]

Nach aller Erfahrung führt ein genügend breit angelegtes Unterrichtsgespräch über die Feststellung, dass der Umfang konstant bleibt, auch zu der dann sinnvollen Fragestellung, *bei welcher Stellung die größte Fläche eingeschlossen wird.*

---

[1] Vgl. Polya 1995, S. 19.

Vielfach führt die Intuition der Schüler zu der lapidaren Feststellung: „Natürlich beim Quadrat." Und nicht jeder wird das Bedürfnis haben, nach dem Grund zu fragen.

Heuristik und Beweisen

Wodurch lässt sich der Prozess

– des *Auffindens* der Lösung und

– einer *Vergewisserung* durch Argumente

unterstützen?

Eine computergestützte Möglichkeit, um auf die Lösung zu stoßen, besteht darin, für eine konkrete Fadenlänge (etwa 40 cm) die Gesamtheit der konkurrierenden Konstellationen diskret zu durchlaufen und in einer Tabelle zu organisieren[1]:

Wann ist der Inhalt am größten ?	erste Rechteckseite	zweite Rechteckseite	Inhalt
	1 cm	19 cm	19 cm²
	2	18	36
	3	17	51
	4	16	64
	5	15	75
	6	14	84
	7	13	91
	8	12	96
	9	11	99
	10	10	100
	11	9	99
	12	8	96
	13	7	91
	14	6	84
	15	5	75
	16	4	64
	17	3	51
	18	2	36
	19	1	19

84 cm²

Umfang = 2·(14 + 6) cm = 40 cm

Je nachdem, welche Zeile man anklickt, erscheint links
das zugehörige Rechteck mit der Größe seines Inhalts.

Diese Visualisierung enthält bereits Ansätze für die Vergewisserung, dass das Quadrat optimal ist. Schließlich nimmt der Inhalt der konkurrierenden Rechtecke bis zum quadratischen Fall monoton zu, um danach in gleicher Weise abzuneh-

---

[1] Siehe hierzu etwa die Realisierung auf der CD Danckwerts/Vogel/Maczey 2001.

men. Diese Beobachtung wird durch die links neben der Tabelle mitlaufende Rechteckfolge begleitet.

Will man dem „Warum?" mit elementaren Mitteln tiefer nachgehen, könnte man fragen, auf welche Weise eine Abweichung vom Quadrat zu einem Schwund des Flächeninhalts führt.

Man wird dann also vom Quadrat aus schauen und untersuchen, wie sich ein leichtes „Wackeln" an einer Seite auf den Flächeninhalt auswirkt. Im Falle unserer Rechtecke mit 40 cm Umfang hat das Quadrat die Seitenlänge 10 cm. Verkürzt man die eine Seite zum Beispiel um 2 mm, so muss die andere um 2 mm verlängert werden (Konstanz des Umfangs!). Das entstehende Rechteck hat dann den Inhalt

$$(10 + 0,2)\,(10 - 0,2) = 10^2 - 0,2^2 \,,$$

und dieser ist kleiner als 10^2 (der Inhalt des Quadrats).

Natürlich hängt das Beweisargument nicht an den 2 mm. Entsprechend kann man mit *jeder* Abweichung argumentieren.

Die geometrische Fassung dieses Arguments zeigt das folgende Bild.

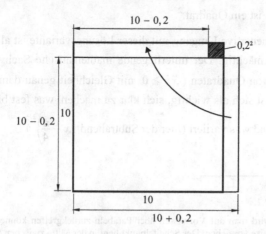

Quadrat (fett umrandet) und Rechteck haben denselben Umfang,
aber der Inhalt des Rechtecks ist um das kleine Quadrat kleiner.

Einbeziehung historischer Momente

Es ist bemerkenswert, dass die Entdeckung der Optimalität des Quadrats in die Antike zurückreicht. So findet man die vorgestellte – und im Kern geometrische – Beweisidee bereits in den berühmten *Elementen* des Euklid um 300 v. Chr. Unser Resultat ist dort als Spezialfall enthalten.[1]

Elementare Lösungsvarianten

Die bekannteste elementare Lösungsvariante für unser Problem verwendet die algebraische Methode der *quadratischen Ergänzung*. Ihre Anwendung setzt die funktionale Sicht des Problems voraus. Da der Umfang u fest bleibt, kann nur *eine* Rechteckseite frei variieren. Betrachtet man den Flächeninhalt A als Funktion der frei variierenden Seite x, so ist die andere Rechteckseite $\frac{u}{2} - x$ und man erhält

$$A(x) = x\left(\frac{u}{2} - x\right) = -x^2 + \frac{u}{2}x = \left(\frac{u}{4}\right)^2 - \left(x - \frac{u}{4}\right)^2.$$

$A(x)$ ist maximal, wenn $\left(x - \frac{u}{4}\right)^2$ den kleinstmöglichen Wert annimmt, also gleich null ist, was zu $x = \frac{u}{4}$ führt. Die andere Rechteckseite ist dann $\frac{u}{2} - \frac{u}{4} = \frac{u}{4}$, d.h. das Rechteck ist ein Quadrat.[2]

Gerade der argumentative Umgang mit dieser Lösungsvariante ist alles andere als leicht, aber sehr mächtig. Der unterliegende mathematische Sachverhalt ist die Nichtnegativität von Quadraten ($x^2 \geq 0$ mit Gleichheit genau dann, wenn $x = 0$ ist). Erneut erweist sich als wichtig, sich klar zu machen, was fest bleibt (hier der Minuend $\left(\frac{u}{4}\right)^2$) und was variiert (hier der Subtrahend $\left(x - \frac{u}{4}\right)^2$) !

---

[1] Siehe Abschnitt 6.2.2.

[2] Im Allgemeinen wird man auf Vorwissen über Parabeln zurückgreifen können und eine weit elegantere Schlussweise vorziehen: Der Scheitelpunkt liegt in der Mitte zwischen den beiden Nullstellen. Die sind hier $x_1 = 0$ und $x_2 = \frac{u}{2}$, da $A(x) = x \cdot \left(\frac{u}{2} - x\right)$ ist. Daher liegt das Maximum bei $x = \frac{u}{4}$.

Eine weitere algebraische Variante nutzt die schlagkräftige Ungleichung zwischen dem geometrischen und arithmetischen Mittel (*Mittelungleichung*) :

Für beliebige Zahlen x, y ≥ 0 gilt die Ungleichung

$$\sqrt{xy} \leq \frac{x+y}{2} \; .$$

Das Gleichheitszeichen gilt genau dann, wenn x = y ist.

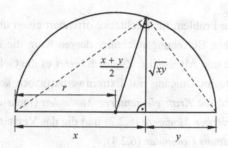

Geometrische Deutung der Mittelungleichung (Höhensatz des Euklid)

So löst die Mittelungleichung unser Problem: Sind x und y die beiden Rechteck-seiten, dann ist $\frac{x+y}{2}$ ein Viertel des Umfangs und damit konstant. Folglich ist $x \cdot y$ (der Flächeninhalt) maximal genau dann, wenn in der Ungleichung das Gleichheitszeichen gilt, d.h. wenn $x = y$ ist, d.h. ein Quadrat vorliegt. [1]

Der Einsatz der Mittelungleichung zur Lösung von Extremalproblemen erscheint trickreich und ungewohnt. Es ist eine Frage der Übung, sich dieser Methode sicher zu bedienen. Ihre Reichweite ist erstaunlich. [2] Erneut erweist sich als entscheidend, dass man den Blick dafür schult, was fest bleibt und was variiert.

Für den Unterricht plädieren wir mit Schupp dafür, elementare Lösungsmethoden von Anfang an einzubeziehen und nicht in eine exotische Ecke abzudrängen. [3] In

---

[1] Zum Gebrauch der Mittelungleichung vgl. Danckwerts/Vogel 2001e.

[2] Siehe auch Abschnitt 6.2.1.

[3] Schupp 1997

der Regel liegen sie dicht an der Problemstellung, weil kein entwickelter Kalkül den Blick auf das versperrt, was ein Extremalproblem ausmacht: *„Es wird nun klar sein, was eine Maximumaufgabe ist und was unter einer wirklichen Lösung zu verstehen ist: die Aufweisung einer Lösung und der Nachweis, daß diese in der in Rede stehenden Eigenschaft (hier im Flächeninhalt) alle Vergleichsfiguren übertrifft.“*[1]

Zusammenfassung

Das isoperimetrische Problem für Rechtecke offenbart einen überraschenden elementarmathematischen Beziehungsreichtum, dessen Kern die enge Verflechtung zwischen Geometrie und Algebra ist. Zugleich bietet es die Gelegenheit, drei vernachlässigte Aspekte im Umgang mit Extremwertaufgaben konkret aufscheinen zu lassen. Diese sind die *Kraft elementarer Methoden* (mehr dazu in 6.2.1), die *Einbeziehung historischer Momente* (6.2.2) und die das Verständnis unterstützende Nutzung des *Mediums Computer* (6.2.4).

Mit diesem Beispiel wird gleichzeitig für einen Mathematikunterricht geworben, dem das Verstehen am Herzen liegt, der die Heuristik zur Geltung bringt, damit die Grunderfahrung G3 stärkt und schließlich dem Computer einen angemessenen Platz einräumt.

6.2 Belebende Aspekte

6.2.1 Kraft elementarer Methoden

Gerade die Kraft und Vielfalt elementarer, d.h. nichtanalytischer Methoden verdienen besondere Aufmerksamkeit, denn sie unterstützen sinnstiftendes Lernen in Zusammenhängen (Bekanntes aus der Mittelstufe wird aktualisiert, in das Neue integriert und erscheint in neuem Licht) und die Entwicklung eines angemessenen Bildes von Mathematik (hier etwa dadurch, dass die fundamentale Idee des Optimierens längs des Curriculums durchgängig erfahren wird)[2]. Hinzu kommt, dass

---

[1] Rademacher/Toeplitz 1930

[2] Vgl. Schupp 1997.

die Reichweite elementarer Methoden zur Lösung von Extremalproblemen beträchtlich ist.

Wir stellen zwei ausgewählte elementare Methoden vor, analysieren sie und diskutieren sie schließlich mit Blick auf den Unterricht.

Zwei elementare Methoden

Extremwertaufgaben ohne Analysis zu lösen erfordert häufig eine besondere Idee. Dadurch entsteht oft der Eindruck, verloren und chancenlos zu sein. Dies hat schlicht auch damit zu tun, dass man sich elementarer Methoden traditionell selten bedient. Erfahrene Problemlöser verfügen über ein Repertoire unterliegender Prinzipien, die ihnen den Weg zur Lösung ebnen. Wir heben zwei solcher Blickrichtungen hervor : das Symmetrisieren und den Einsatz der Mittelungleichung.[1]

Symmetrisieren

Beispiel 1:

Mit einem Zaun gegebener Länge soll von einem am Wasser gelegenen Grundstück ein möglichst großes rechteckiges Areal abgegrenzt werden (s. Bild).

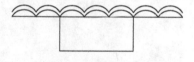

Problemstellung

Idee: Man spiegele an der Uferlinie (s. Bild).

Symmetrisierung

---

[1] Eine weitere ist die Idee der Niveaulinien, vgl. hierzu etwa Polya 1954 und Danckwerts/Vogel 2001d.

182

Denkt man sich das Grundstück durch Spiegelung an der Uferlinie verdoppelt, so erkennt man: Umfang und Fläche haben sich verdoppelt, gesucht ist also jetzt unter allen umfangsgleichen Rechtecken dasjenige mit dem größten Inhalt. Die Lösung ist das Quadrat[1], also ist das gesuchte Grundstück doppelt so lang wie breit.

Beispiel 2:

An einer Bahnlinie ist der Standort eines Bahnhofs so zu wählen, dass die Summe der Entfernungen von A und B minimal wird (s. Bild).

Problemstellung

Idee: Man spiegele einen der Punkte an der Bahnlinie (s. Bild).

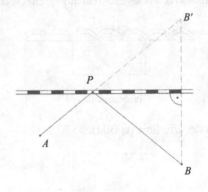

Symmetrisierung

Den Standort P für den Bahnhof findet man, indem man den Spiegelpunkt B' mit A geradlinig verbindet. (Die kürzeste Verbindung zweier Punkte ist eine Gerade!)

---

[1] Vgl. Kap. 6.1.2.

Einsatz der Mittelungleichung

Wir erinnern an die nützliche Ungleichung zwischen dem geometrischen und arithmetischen Mittel[1] . Sie gilt auch für mehr als zwei Variable. Wir formulieren sie für drei:

Für beliebige Zahlen x, y, z ≥ 0 gilt die Ungleichung

$$\sqrt[3]{xyz} \leq \frac{x+y+z}{3}$$

Das Gleichheitszeichen gilt genau dann, wenn x = y = z ist.[2]

Interpretation: Ist die Summe auf der rechten Seite der Ungleichung konstant, so ist das Produkt auf der linken Seite genau dann am größten, wenn die drei Zahlen übereinstimmen.[3]

Wir demonstrieren den Einsatz der Mittelungleichung an einer schulklassischen Extremwertaufgabe.

Beispiel 3:

Einer Kugel ist ein Kegel maximalen Volumens einzubeschreiben.

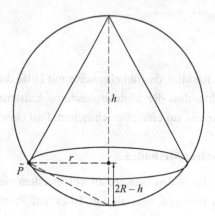

Kugel mit einbeschriebenem Kegel

---

[1] Vgl. Kap. 6.1.2.

[2] Zum Beweis s. etwa Schupp 1997, S. 5.

[3] Und umgekehrt: Ist das Produkt dreier variierender positiver Zahlen konstant, so ist ihre Summe genau dann minimal, wenn die drei Zahlen übereinstimmen.

Zu maximieren ist das Kegelvolumen

$$V = \frac{1}{3}\pi r^2 h$$

unter der Nebenbedingung (Höhensatz)

$$r^2 = h\,(2R - h)\,,$$

also

$$V = \frac{1}{3}\,\pi h \cdot (2R - h) \cdot h.$$

Durch eine kleine Manipulation kann man erreichen, dass drei (variable) Faktoren entstehen, deren Summe konstant ist:

$$V = \frac{1}{3}\pi \cdot 4 \cdot \frac{h}{2} \cdot (2R - h) \cdot \frac{h}{2}.$$

Die drei letzten Faktoren haben die konstante Summe $2R$. Ihr Produkt wird maximal genau dann, wenn

$$\frac{h}{2} = 2R - h = \frac{h}{2}$$

ist. Das führt zu

$$h = \frac{4}{3}R\,.$$

Dies ist das gesuchte Resultat, das üblicherweise mit Hilfe der Ableitung gewonnen wird! Man beachte, dass die Mittelungleichung Existenz und Eindeutigkeit des (globalen!) Maximums auf einen Streich sichert. Fast ohne Rechnung.

Kennzeichen elementarer Methoden

Wir wollen zunächst die beiden beispielhaft vorgestellten elementaren Lösungsmethoden darauf hin befragen, was sie mit Blick auf Problemverständnis und Problemlösung charakterisiert.

Zu Beispiel 1 und 2 (Symmetrisieren)

In Beispiel 1 gelingt über die Symmetrisierung die Rückführung auf ein bereits gelöstes Problem. Dies erfordert eine ganzheitlich-synthetische Sicht des Problems, bei der die Gesamtheit aller konkurrierenden Objekte (hier der rechteckigen Areale) in den Blick genommen werden muss.

Ganz ähnlich gelagert ist die Situation in Beispiel 2: Durch die Symmetrisierung wird das Problem zurückgeführt auf die vertraute Tatsache, dass die kürzeste Verbindung zweier Punkte die Gerade ist (seinerseits ein Extremalproblem!). Durch das Symmetrisieren entsteht ein neuer Kontext, in dem die Lösung schlagartig plausibel wird. Man hat die Chance einer direkten Einsicht, weil man mit der Lösungsmethode dicht am Problem bleibt. Mehr noch, das Wesen einer Extremwertaufgabe wird ins Bewusstsein gerückt: Eine Lösung ist mit dem Nachweis verbunden, dass sie in der zu optimierenden Größe alle Konkurrenten übertrifft.

Zu Beispiel 3 (Mittelungleichung)

Hier werden die konkurrierenden Objekte (die einbeschriebenen Kegel) nicht mehr direkt als geometrische Objekte miteinander verglichen, sondern sie sind repräsentiert über den funktionalen Zusammenhang zwischen ihren Radien und dem interessierenden Volumen. Dadurch kommt die Algebra ins Spiel und die Mittelungleichung wird zu einem nützlichen Instrument.

Wir haben es hier mit einer abstrakteren Stufe elementarer Methoden zu tun als in den ersten beiden Beispielen. Die Abstraktheit besteht in der Nutzung der universellen Kraft der Variablen. In dieser Abstraktheit gründet sich die Möglichkeit, mit der Mittelungleichung eine große Klasse verschiedenartiger Extremalprobleme zu lösen.

Der Preis für die Reichweite dieses abstrakten (gleichwohl noch elementaren) Instruments ist ein gegenüber den ersten Beispielen zunehmender Verlust des Inhaltlichen. Anders gesagt: Aus der Perspektive des universellen Charakters der Mittelungleichung erscheint die Lösung der Bahnlinienaufgabe (Beispiel 2) geradezu als ad-hoc-Strategie. Jetzt ahnt man, wie viel weiter noch das analytische Standardverfahren zur Lösung von Extremwertaufgaben vom inhaltlichen Verstehen des Problems entfernt ist.

Zusammenfassend halten wir fest: Zu den elementaren, d.h. voranalytischen Lösungsmethoden gehören *geometrische* und *algebraische* Verfahren. Typisch geometrische Beispiele sind die Methode des Flächenvergleichs[1] sowie das Symme-

---

[1] Vgl. Kap. 6.1.2.

186

trisieren, typisch algebraische Beispiele sind die Nutzung der Mittelungleichung und die Methode der quadratischen Ergänzung.[1] Sobald man sich der *funktionalen* Sicht zur Problemlösung bedient – von den elementaren Methoden bis hin zum analytischen Standardverfahren – gewinnt man den Vorteil einer zunehmend kalkülhaften Bearbeitung, entfernt sich aber vom ursprünglichen Verstehen des Problems. Der Weg von den elementaren zu den analytischen Methoden ist verbunden mit einem zunehmenden Verlust des Inhaltlichen (s. Übersicht).

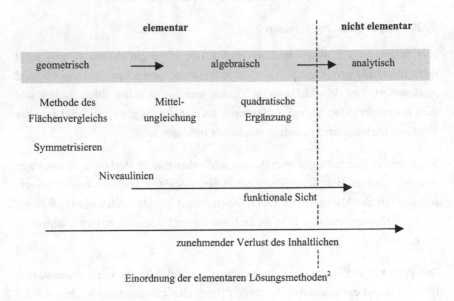

Einordnung der elementaren Lösungsmethoden[2]

Der unterrichtliche Standpunkt

Die elementaren Methoden haben es schwer und dies aus gutem Grund. Ist es doch gerade eine Stärke universeller Lösungsalgorithmen, nicht bei jedem Einzelproblem in tiefes Nachdenken gestoßen zu werden. Warum also sollte man die entlastende Funktion leistungsfähiger Kalküle preisgeben? Hinzu kommt, dass

---

[1] Da die Mittelungleichung zugleich einen geometrischen Kern hat, liegt sie in der nachfolgenden Übersicht zwischen den geometrischen und algebraischen Methoden.

[2] Für eine weitergehende Erläuterung dieser Übersicht siehe Danckwerts/Vogel 2001e.

elementare Methoden als zusätzlicher, nicht prüfungsrelevanter Stoff angesehen werden können.

Um es deutlich zu sagen: Es geht nicht darum, die kalkülhafte Bearbeitung von Extremwertaufgaben zu diskreditieren. Im Gegenteil, Erfahrungen mit leistungsfähigen Algorithmen – gerade auch beim Problemlösen – gehören zu einem gültigen Bild von Mathematik.[1] *Auf die Reihenfolge und auf die Mischung der Lösungsmethoden kommt es an.*

Im Interesse einer „Wiederentdeckung des Inhaltlichen" ist es eben unverzichtbar, dem *Verstehen* eines (Extremal-)Problems genügend Raum zu geben und die Vielfalt der Lösungsansätze zuzulassen. Und damit ist man dem Geist elementarer Methoden nahe.

Dies setzt eine Unterrichtskultur voraus, die vom kurztaktigen fragendentwickelnden Mathematikunterricht weit entfernt und nicht erst in der Oberstufe herzustellen ist.[2] Jeder noch so kleine Schritt in diese Richtung ist ein Gewinn, und Extremwertaufgaben sind hierfür besonders geeignet.

Nach unseren Beobachtungen im Unterricht werden schon erste, vorsichtige Gehversuche belohnt: Man kann die befriedigende Erfahrung machen, innerhalb einer einzigen Unterrichtsstunde ein Problem in einer gewissen Breite verhandeln zu können. Dies hat zu tun mit dem Bedürfnis der Beteiligten, sich auch im Mathematikunterricht öffnen zu können. Es bleibt nicht ohne Wirkung, wenn einige Schüler ihre Freude im Moment echter Einsicht zeigen. Solche Momente gilt es wahrscheinlicher zu machen, auch wenn sie sich nicht erzwingen lassen. Eine verfrühte Kalkülisierung steht dem allerdings im Wege.

---

[1] Es ist zutiefst menschlich, fertige und universell einsetzbare *Produkte* anzustreben, und dieses Bedürfnis hat immer wesentlich zum Fortschritt der Mathematik beigetragen. Im Bewusstsein vieler Schüler ist diese Produktorientierung der eigentliche Sinn der Mathematik („Sagen Sie endlich wie's geht."). Diese einseitige Orientierung wird dem Wesen der Mathematik allerdings nicht gerecht. Erst das bewusste Durchlaufen von *Prozessen* der Problemlösung erschließt einen Zugang zu dem, was Mathematik ist. Und nur dadurch ist *konstruktives Lernen* möglich. (Vgl. die Grundpositionen aus Kap. 1.)

[2] Siehe hierzu Hefendehl-Hebeker 1999.

Zusammenfassung

Wir versuchten der Frage nachzugehen, was die Kraft elementarer Methoden bei den Extremalproblemen ausmacht. Aus dieser Perspektive schärft sich der Blick für Defizite der gängigen Praxis. Die Einbeziehung elementarer Methoden bietet echte Chancen für einen Mathematikunterricht, der dem Verstehen und der Sinnfrage verpflichtet ist. Der mögliche Gewinn berührt Schüler und Lehrer gleichermaßen. Im Übrigen wird die Grunderfahrung G3 gestärkt.

6.2.2 Einbeziehung historischer Momente

Der Erfolg elementarer Methoden lässt zu Recht vermuten, dass man lange vor der Entwicklung des Differenzialkalküls durch Newton und Leibniz gegen Ende des 17. Jahrhunderts Extremalprobleme formuliert und gelöst hat.

Die Einbeziehung historischer Momente trägt zu der wichtigen Erfahrung bei, dass sich die Mathematik entwickelt. Gerade bei den Extremwertproblemen lässt sich ein großer entwicklungsgeschichtlicher Bogen spannen. Nach breit geteilter Auffassung gehören historische Momente zu einem gültigen Bild von Mathematik[1]. Hinzu kommt, dass ein Blick in die Geschichte für Schüler wie Lehrer entlastend wirken kann. Gewinnt doch der vermeintlich starre Gegenstand Lebendigkeit und Dynamik zurück.

Wir beschränken uns hier auf Anmerkungen zum *isoperimetrischen Problem für Rechtecke* und spannen den Bogen von der Antike über die Renaissance bis zum heutigen analytischen Standardverfahren.

Euklids Elemente

Schon Euklid (etwa 365–300 v. Chr.) hat sich mit der Beobachtung beschäftigt, dass *unter allen umfangsgleichen Rechtecken das Quadrat den größten Inhalt hat*. Euklid bearbeitete ein weit allgemeineres Problem, das diesen Satz als Spezialfall enthält. Hier ist der Originaltext aus dem Sechsten Buch der *Elemente*, der sich nicht von selbst erschließt:

---

[1] Vgl. Kronfellner 2002 sowie Jahnke 1991.

§ 27 (L. 20).

Von allen Parallelogrammen, die man an eine feste Strecke so anlegen kann, daß ein Parallelogramm fehlt, welches einem über ihrer Hälfte gezeichneten ähnlich ist und ähnlich liegt, ist das über der Hälfte angelegte, das selbst dem fehlenden ähnlich ist, das größte.

Man habe eine Strecke AB; diese sei in C halbiert; ferner sei an die Strecke AB ein Parallelogramm AD so angelegt, daß das über der Hälfte von AB, d. h. über CB gezeichnete Parallelogramm DB fehlt. Ich behaupte, daß von allen an AB so, daß eine DB ähnliche und ähnlich liegende Figur fehlt, angelegten Parallelogrammen AD das größte ist. Man lege nämlich an die Strecke AB ein Parallelogramm AF so an, daß ein DB ähnliches und ähnlich liegendes Parallelogramm FB fehlt; ich behaupte, daß dann $AD > AF$.

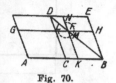

Fig. 70.

Da Pgm. $DB \sim$ Pgm. FB, liegen sie um dieselbe Diagonale (VI, 26). Man ziehe in ihnen die Diagonale DB und zeichne die Figur fertig.

Da nun Pgm. $CF = FE$ ist (I, 43) und FB gemeinsam, ist das ganze Pgm. CH dem ganzen KE gleich (Ax. 2). Aber Pgm. $CH = CG$, da $AC = CB$ (I, 36); also ist auch Pgm. $GC = EK$ (Ax. 1). Man füge CF beiderseits hinzu; dann ist das ganze Pgm. $AF =$ Gnomon LMN (Ax. 2); folglich ist Pgm. DB, d. h. $AD >$ Pgm. AF (Ax. 8).

Also ist von allen Parallelogrammen, die man an eine feste Strecke so anlegen kann, daß ein Parallelogramm fehlt, welches einem über ihrer Hälfte gezeichneten ähnlich ist und ähnlich liegt, das über der Hälfte angelegte das größte — dies hatte man beweisen sollen.

Ohne Euklids Text im Einzelnen zu verfolgen[1], wollen wir den Blick für die Sichtweise Euklids öffnen. Dazu knüpfen wir direkt an die elementare Lösung des isoperimetrischen Problems aus dem Abschnitt 6.1.2 dieses Kapitels an und erinnern uns, wie wir im Falle von Rechtecken mit 40 cm Umfang argumentiert haben (s. Bild):

---

[1] Für eine genauere Analyse sowie einen möglichen unterrichtlichen Einsatz des Originaltextes aus den Elementen vgl. Danckwerts/Vogel 1997a.

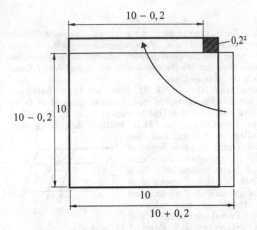

Quadrat (fett umrandet) und Rechteck haben denselben Umfang,
aber der Inhalt des Rechtecks ist um das kleine Quadrat kleiner.

Jetzt erweitern wir die Lösungsfigur durch Spiegelung an der gestrichelten Geraden (s. Bild) und erkennen die Gleichheit der Flächen

$$I + II + II' \qquad \text{und} \qquad I' + II' + III'.$$

(Rechteck) („Haken" ⌐)

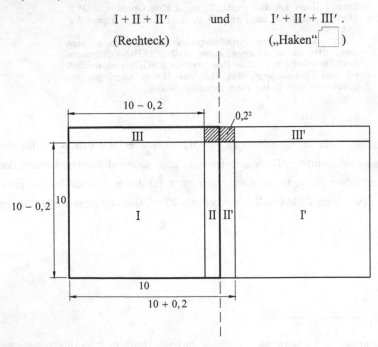

Nun befreien wir uns vom Spezialfall der Abweichung um 0,2 cm und zeichnen die entscheidende Diagonale ein (s. Bild).

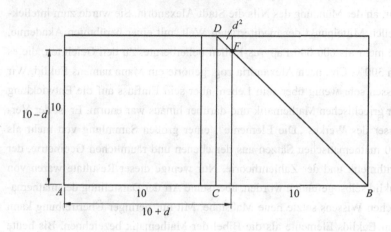

Jetzt öffnet sich der Blick auf die Euklid leitende Vorstellung: Der Punkt F rutscht auf der Diagonalen DB entlang mit dem Ergebnis, dass jedes Rechteck AF ($F \neq D$) kleiner ist als das Quadrat AD.

Begründung: Das Rechteck 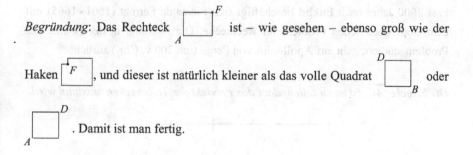 ist – wie gesehen – ebenso groß wie der

Haken , und dieser ist natürlich kleiner als das volle Quadrat oder

. Damit ist man fertig.

Dies ist der Kern des Beweisarguments; Euklid bedient sich der geometrischen Methode des Flächenvergleichs.

Euklid und die Elemente

Im Zuge seiner Eroberungen gründete Alexander der Große im Jahre 332 v. Chr. an der Mündung des Nils die Stadt Alexandria. Sie wurde zum intellektuellen Mittelpunkt der mediterranen Welt, mit einer berühmten Akademie, die mehr als 600 000 Papyrus-Rollen beherbergte. Zu den Gelehrten, die es um 300 v. Chr. nach Alexandria zog, gehörte ein Mann namens Euklid. Wir wissen sehr wenig über sein Leben, aber sein Einfluss auf die Entwicklung der griechischen Mathematik und darüber hinaus war enorm. Er ist der Verfasser des Werkes „Die Elemente", einer großen Sammlung von mehr als 400 mathematischen Sätzen aus der ebenen und räumlichen Geometrie, der Arithmetik und der Zahlentheorie. Nur wenige dieser Resultate waren von Euklid selbst gefunden worden, aber seine Art der Darstellung des mathematischen Wissens setzte neue Maßstäbe. Mit nur geringer Übertreibung kann man Euklids Elemente als die Bibel der Mathematik bezeichnen. Bis heute sind weltweit über 2000 Ausgaben der Elemente erschienen.

Der Beitrag Fermats

Fast 2000 Jahre nach Euklid beschäftigt sich Pierre de Fermat (1601 - 1665) mit dem isoperimetrischen Problem für Rechtecke. Die Fassung, in der Fermat das Problem studiert, geht auf Apollonius von Perge (um 200 v. Chr.) zurück:

Die Strecke $\overline{AC}$ ist so zu teilen, dass das Produkt der Teilstrecken maximal wird.

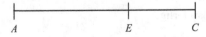

Dem konstanten halben Umfang aller konkurrierenden Rechtecke beim isoperimetrischen Problem entspricht hier die Länge der festen Strecke $\overline{AC}$.

Für die Lösung des Problems stützt sich Fermat auf eine Intuition, die bereits Kepler Jahrzehnte vor ihm formulierte[1]: „*In der Nähe eines Maximums sind die Zuwächse auf beiden Seiten zu Beginn nicht wahrnehmbar.*"[2]

Neben Descartes zählt Fermat zu den ersten Mathematikern, die die neu entwickelte Algebra auf die Geometrie der Alten anwendeten. Dabei ging es ihm um die Entwicklung einer universellen Methode zur Lösung von Extremalproblemen. Doch lassen wir ihn selbst sprechen.

> „Die Strecke AC ist bei E so zu teilen, dass $AE \cdot EC$ maximal wird. Wir schreiben $AC = b$; sei a eine der beiden Teilstrecken, so dass die andere $b - a$ ist, und das Produkt, dessen Maximum gesucht ist, wird zu $ba - a^2$.
> Ist nun $a + e$ das erste Teilstück von b, so wird das zweite $b - a - e$ sein, und das Produkt beider ist dann $ba - a^2 + be - 2ae - e^2$. Dies muss dem vorherigen Punkt $ba - a^2$ gleichkommen (*adaequabitur*). Wir unterdrücken gleiche Summanden: $be \sim 2ae + e^2$, unterdrücken e: $b = 2a$. Um das Problem zu lösen, müssen wir folglich die Hälfte von b nehmen.
> Wir können schwerlich eine allgemeinere Methode erwarten."[3]

Man sieht, wie Fermat hier vorgeht: Da sich ja die Werte einer Funktion in der Nähe eines Maximums nur unmerklich ändern (nach Kepler), wird eine (unendlich) kleine Änderung e der Strecke a eine nicht sichtbare Änderung des Produkts hervorrufen. Der gesuchte Teilungspunkt ist also dadurch ausgezeichnet, dass das neue Produkt dem alten „gleichkommt". Auf diese Weise wird man über

$$ba - a^2 + be - 2ae - e^2 \sim ba - a^2$$

zu

$$be \sim 2ae + e^2$$

geführt, wobei das Zeichen $'\sim'$ für ‚gleichkommen' steht. Jetzt kürzt Fermat das e heraus

---

[1] Vgl. hierzu etwa Danckwerts/Vogel 1997b.

[2] Zitiert nach Struik 1986, S. 222 (Übersetzung R.D./D.V.).

[3] Zitiert nach Struik 1986, S. 223 (Übersetzung R.D./D.V.).

$$b \sim 2a + e$$

und vernachlässigt schließlich noch e als Summand

$$b \sim 2a.$$

Und er kommt zu der Gleichung

$$b = 2a.$$

Der Teilungspunkt E muss also in der Mitte von $\overline{AC}$ liegen (das entstehende Rechteck also ein Quadrat sein)!

Es ist interessant, dass Fermat hier keinerlei Rechtfertigung für seine Methode gibt, sehr wohl aber auf ihre Universalität hinweist. Aus heutiger Sicht scheint seine Methode den Keim für zwei Richtungen der weiteren Entwicklung zu enthalten:

Zum einen schimmert die Grenzwertmethode der klassischen Analysis Cauchy-Weierstraß'scher Prägung durch, zum anderen ist die eher algebraische Perspektive des Umgangs mit den unendlich kleinen Größen der Robinson'schen Non-Standard-Analysis angelegt. In jedem Fall erkennt man in Fermats Idee einen Ausgangspunkt für die Fortentwicklung der analytischen Denk- und Arbeitsweise.

Fermat hat sein Verfahren, wie damals üblich, zunächst nur brieflich mitgeteilt. Marin Mersenne reichte das Schreiben im Januar 1638 an Descartes weiter. Descartes polemisierte gegen dieses Verfahren, glaubte er doch, ein besser begründetes zu haben. Fermat konnte dem – bis auf die beeindruckende Leistungsfähigkeit seiner Methode – wenig entgegensetzen.

Halten wir fest: *Fermats tragende Intuition beruht auf der Beobachtung, dass sich die Werte einer Funktion in der Nähe eines Maximums nur wenig ändern.*

Wenn wir heute im Analysisunterricht zur Maximumbestimmung in der gewohnten Weise die erste Ableitung gleich null setzen, so ist darin die für Fermat tragende Intuition eingefangen:

$$f'(x_0) = \lim_{h \to 0} \frac{f(x_0 + h) - f(x_0)}{h} = 0$$

bedeutet nämlich insbesondere (in guter Näherung)

$$\frac{f(x_0 + h) - f(x_0)}{h} \approx 0 \qquad \text{für kleine } |h|,$$

d.h.

$$f(x_0 + h) - f(x_0) \approx 0 \cdot h = 0 \qquad \text{für kleine } |h|.$$

Also gilt in guter Näherung

$$f(x_0 + h) \approx f(x_0) \qquad \text{für kleine } |h|,$$

d.h. in der Nähe der Maximalstelle x_0 ändern sich die Werte der Funktion f nur unmerklich. Dies war die Vorstellung, die Fermats Lösungsverfahren zugrunde lag.

Hier zeigt sich, was die Einbeziehung historischer Momente so wertvoll machen kann: Die Auseinandersetzung mit geeigneten Quellentexten kann unerwartete Einsichten eröffnen und damit zu einem tieferen Verständnis eingespielter Verfahren beitragen.

Fermat

Pierre de Fermat (1601 - 1665) war Jurist und verbrachte fast sein ganzes Leben in Toulouse. Seine Liebe galt jedoch der Mathematik. Er lehnte es ab, seine Entdeckungen zu veröffentlichen, stand dafür im regen Briefverkehr mit vielen seiner Zeitgenossen. Seine Anmerkungen waren oft skizzenhaft, er versprach allerdings häufig, Beweislücken zu schließen, sobald er Muße fände. Er hinterließ viele Briefe und Manuskripte, die uns heute ein gutes Bild seiner Ideen geben.

Zusammenfassung

Warum empfehlen wir beim Thema Extremwertprobleme einen Blick in die Geschichte? Grundsätzlich erscheint ein Bild von Mathematik unzureichend, das die geistesgeschichtliche Dimension außer Acht lässt. Diese Orientierung gilt es im Unterricht nicht systematisch, sondern exemplarisch einzuholen. Das Thema Extremwertprobleme ist hierfür besonders geeignet: Zum einen wird Entwicklungs-geschichte erlebbar – wie die beiden vorgestellten Quellen zeigen. Zum anderen beugt eine Auseinandersetzung mit der Geschichte der Gefahr vor, den im Unter-richtsverlauf entwickelten Kalkül für die ganze Sache zu halten. Und so paradox es erscheinen mag, es führt bei Lernenden wie Lehrenden zu einer Entlastung im Umgang mit der Mathematik; eröffnen sich doch – jenseits des vermeintlich star-ren Gegenstands – neue Anknüpfungspunkte und Perspektiven.

Der Einbeziehung historischer Momente unterliegt eine mathematikdidaktische Überzeugung: Das Verständnis für die Mathematik als eine „deduktiv geordnete Welt eigener Art" (Grunderfahrung G2) kann durch die historisch-genetische Per-spektive wirksam unterstützt werden.

6.2.3 Aktivitäten zur Modellbildung

Die Forderung, mit mathematischen Mitteln zum Verstehen unserer Welt durch *Modellbildung* beizutragen, gehört inzwischen zum fachdidaktischen Allgemein-gut und bildet den Kern der Grunderfahrung G1. Extremwertprobleme sind un-bestritten in besonderer Weise geeignet, Aktivitäten zur Modellbildung einzube-ziehen. Anwendungsorientierung im Sinne modellbildender Aktivitäten schafft natürliche Anlässe, über die Rolle der Mathematik nachzudenken. Dies ist ein Beitrag zur Sinnfrage des Faches für Lehrer wie Schüler. Gute und das heißt vor allem alltagsnahe Beispiele sind rar, aber sie sind der Schlüssel, diese Orientie-rung einzulösen.

Hier soll es um solche Beispiele gehen, die sich auf der Grundlage des schulanaly-tischen Standardverfahrens behandeln lassen. Ein inzwischen etabliertes Unter-richtsbeispiel, geradezu ein Klassiker für realitätsbezogene Extremwertaufgaben im Analysisunterricht, ist die *Milchtüte*.[1] Ein weiteres Beispiel ist die *optimale Konservendose*, das wir exemplarisch diskutieren werden. Wir beginnen mit ei-nem kurzen Abriss zur Idee und Bedeutung der Modellbildung.

---

[1] Vgl. hierzu Böer 1993, die Diskussion in Danckwerts/Vogel 2001c sowie Abschnitt 5.3.2 – Die Stärke dieses Beispiels liegt darin, dass es einen handlungsorientierten Zugang zur Modellierung erlaubt.

Modellbildung als Prozess

Man kann die Modellbildung als *Kreisprozess* sehen (der nicht selten mehrfach durchlaufen wird). Das folgende Schema hilft, die vier relevanten Schritte in ihrem Zusammenwirken zu sehen.

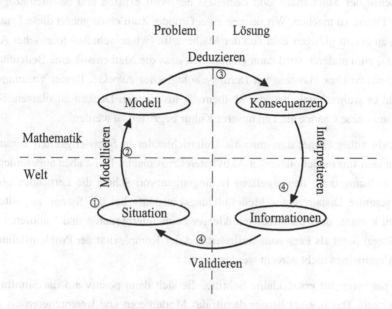

Der Modellbildungskreislauf[1]

Im 1. Schritt wird das außermathematische Problem *formuliert* ①, im 2. Schritt mathematisch *modelliert* ②, im 3. Schritt innermathematisch *gelöst* ③, und im 4. Schritt wird die mathematische Lösung im Sachzusammenhang *interpretiert* und auf ihren Wert für die Lösung des Ausgangsproblems *befragt* ④.

Der Modellbildungskreislauf hat zwei „Grenzlinien", eine zwischen der Mathematik und dem Rest der Welt und eine zwischen den Problemen und der Lösung.

Das Diagramm richtet den Blick auf einen wichtigen Punkt: Will man die Realitätsbezüge im Mathematikunterricht stärken, so müssen die traditionell eher vernachlässigten Aktivitäten des *Modellierens*, *Interpretierens* und *Validierens* grö-

---

[1] Vgl. Schupp 1997b.

ßeres Gewicht bekommen. Folgerichtig wird die traditionell stark verankerte Aktivität des *Deduzierens* an Bedeutung verlieren. Machtvolle Software wird diese Entwicklung beschleunigen.

Ein sinnstiftender Mathematikunterricht ist darauf angewiesen, die Nahtstelle zwischen der Mathematik und dem Rest der Welt explizit und beispielbezogen zum Thema zu machen. Wir nennen zwei Gründe: Zum einen gehört diese Erfahrung zu einem gültigen Bild von der Mathematik (wissenschaftstheoretischer Aspekt)[1] , zum anderen wird dann glaubhafter, dass die Mathematik eine Bedeutung für menschliches Handeln hat (lernpsychologischer Aspekt). Beides zusammen macht es wahrscheinlicher, die Mathematik im eigenen Denken zuzulassen. Sie hat damit eine Chance als Teil unserer Kultur begriffen zu werden.

Es steht außer Frage, dass man als Unterrichtender in Schwierigkeiten kommt, wenn man mit modellbildenden Aktivitäten Ernst macht. Es ist eben außerordentlich mühsam, unter den regulären Bedingungen von Schule die Lernenden über die gesamte Distanz eines Modellbildungskreislaufs bei der Stange zu halten. Hinzu kommt, dass der Mathematiklehrer beim Interpretieren und Validieren in der Regel nicht als Fachmann auftreten und der Komplexität der Problemstellung im Allgemeinen nicht gerecht werden kann.[2]

Wir plädieren für erste, kleine Schritte, die sich dann positiv auf die Sinnfrage auswirken. Das beginnt bereits damit, das Modellieren und Interpretieren als eigenständige Aktivitäten ins Bewusstsein zu rücken und gegenüber dem gewohnten Deduzieren abzugrenzen. Denn diese beiden Aktivitäten markieren die Grenzüberschreitung zwischen Mathematik und Welt. Sie liegen im Herzen der Problematik, mit ihnen steht und fällt der Erfolg jeder Modellbildung.[3]

---

[1] Wenn man dem Leistungskurs das Ziel zuschreibt, reflektierter mit der Mathematik umzugehen, gewinnt dieser Aspekt an Gewicht. Vgl. hierzu Borneleit/Danckwerts/Henn/Weigand 2001.

[2] Dies wird übrigens durchaus von intelligenten Schülern positiv gesehen; schließlich geraten alle in eine aktivere Rolle.

[3] Zahlreiche Beispiele finden sich in den ISTRON-Bänden „Materialien für einen realitätsbezogenen Mathematikunterricht" 1997 ff.

Beispiel: Die optimale Konservendose

Wir folgen den vier Schritten des Modellbildungsprozesses:

① *Die Problemstellung*: Zylindrische Konservendosen können sehr verschiedene Formen haben. Der Einfachheit halber beschränken wir uns auf Dosen mit flüssigem Inhalt. Das Volumen sei fest, sagen wir gleich 1 *l*.
Bei welchen Abmessungen, d.h. bei welchem Durchmesser und welcher Höhe, ist der Materialverbrauch minimal?

② *Die Modellierung:* Wir idealisieren die Dose zur geometrischen Form eines Zylinders. (Damit bleiben alle Fragen der Herstellung solcher Dosen zunächst außen vor.) Wir fragen also:
Bei welchen Abmessungen, d.h. bei welchem Durchmesser und bei welcher Höhe, hat ein Zylinder mit dem Volumen 1 l minimale Oberfläche?
Dies ist ein vertrautes Problem.[1]

③ *Innermathematische Lösung*: Der optimale Zylinder ist ebenso hoch wie breit.

④ *Konfrontation mit der Realität*: Nun finden sich in den Regalen der Supermärkte so gut wie keine Konservendosen, die genauso hoch wie breit sind. (Im Gegenteil, es gibt krasse Abweichungen selbst bei flüssigem Inhalt.) Was ist hier los? Möglicherweise ist dem Dosenhersteller die Minimierung des Materialverbrauchs gar nicht wichtig. Falls sie von Bedeutung ist, was wir im Sinne unserer Problemstellung annehmen wollen, müssen wir den Schluss ziehen, dass unsere Modellierung Wesentliches nicht erfasst hat. Deshalb versuchen wir es mit einer Verfeinerung unseres Modells. Wir treten in den Modellbildungskreislauf erneut ein mit Schritt 2 (*Die Modellierung*), durchlaufen ihn also ein zweites Mal.

② *Verfeinerte Modellierung*: Bei näherem Hinsehen erkennt man, dass zum Zusammenfügen von Mantel, Boden und Deckel *Überstände* benutzt werden (s. Bild). Nach Aussage des Herstellers rechnet man mit folgenden Zuschlägen: in der *Höhe* 1,0 cm (je 5 mm für Boden und Deckel), im *Durchmesser* 1,5 cm (an beiden Seiten 7,5 mm) und in der *Mantellänge* 0,2 cm (zu vernachlässigen).

---

[1] Siehe Abschnitt 6.1.1.

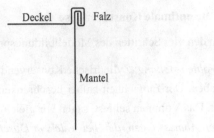

Notwendige Überstände

Der *Materialverbrauch* in Abhängigkeit von Durchmesser d und Höhe h der Dose ist dann:

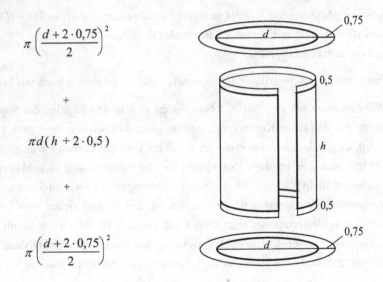

$$\pi \left(\frac{d + 2 \cdot 0{,}75}{2} \right)^2$$

$$+$$

$$\pi d (h + 2 \cdot 0{,}5)$$

$$+$$

$$\pi \left(\frac{d + 2 \cdot 0{,}75}{2} \right)^2$$

Materialverbrauch mit Überständen

Also

$$M(d, h) \ = \ \pi\, d (h + 1) + \frac{\pi}{2} (d + 1{,}5)^2$$

Um den Materialverbrauch als Funktion nur *einer* Veränderlichen zu erhalten, müssen wir eine Variable eliminieren. Dies gelingt, weil das Volumen als gegeben zu betrachten ist. Wir greifen einen gängigen Dosentyp mit knapp $1\,l$ Inhalt heraus. Er hat die Maße

$$d = 9,9 \text{ cm}, h = 11,9 \text{ cm}$$

und somit das Volumen

$$V = 916 \text{ cm}^3.$$

Dies führt zur Nebenbedingung

$$\pi \left(\frac{d}{2}\right)^2 \cdot h = 916$$

oder

$$h = \frac{3664}{\pi\, d^2}.$$

Der Materialverbrauch als Funktion des Durchmessers ist dann

$$M(d) = \pi\, d \left(\frac{3664}{\pi\, d^2} + 1\right) + \frac{\pi}{2}(d + 1,5)^2$$

$$= \frac{\pi}{2} d^2 + 2,5\,\pi\, d + 1,125\pi + \frac{3664}{d}, \quad d > 0.$$

③ *Innermathematische Lösung*: Es genügt, nach der (einzigen) Nullstelle der Ableitung M' zu suchen.

$$M'(d) = \pi d + 2,5\,\pi - \frac{3664}{d^2}$$

Die Bedingung $M'(d) = 0$ führt auf eine Gleichung 3. Grades, die wir mit dem Computer lösen. Ergebnis:

$$d = 9,76 \text{ cm}.$$

Unter Berücksichtigung der Falzzuschläge hat die optimale 916 cm^3 - Dose die Maße

$$d = 9,8 \text{ cm}, \quad h = 12,2 \text{ cm}$$

und ist damit deutlich höher als breit.

④ *Konfrontation mit der Realität*: Wir stellen fest, dass die errechneten Abmessungen nicht mehr wesentlich von den realen abweichen, wir also durch das verfeinerte Modell der vorgefundenen Wirklichkeit näher gekommen sind. Auch hat die verbliebene Abweichung nahezu keinen Einfluss auf den Mehrverbrauch an Material, wie eine kleine Rechnung zeigt:

$$\frac{M(d_{real}) - M(d_{optimal})}{M(d_{optimal})} \approx \frac{M(9,9) - M(9,8)}{M(9,8)} \approx 1,7 \cdot 10^{-4}.$$

Der prozentuale Mehrverbrauch liegt also unter 1 Promille.

Dieser „Erfolg" darf nicht überbewertet werden: Für den Hersteller sind möglicherweise ganz andere Gesichtspunkte bedeutsam, die je nach Interessenlage unterschiedliches Gewicht haben können. Man denke etwa an die Handlichkeit der Dose, die Ästhetik der Form, die Beschränkungen durch den Doseninhalt (z.B. bei Würstchen) oder die Maße der gelieferten Bleche sowie die bequeme Lagerung im Regal oder die günstige Nutzung von Transportmitteln usw.. Trotz allem ist die mathematische Modellierung des Problems nützlich: Sie eröffnet einen Entscheidungsspielraum insoweit, als sich der Materialverbrauch in Abhängigkeit konkurrierender Abmessungen im Voraus abschätzen und vergleichen lässt. Genau hierin besteht die begrenzte, aber bedeutsame Rolle der Mathematik bei der Diskussion dieses Beispiels.

Zusammenfassung

Modellbildende Aktivitäten eröffnen Chancen, den Mathematikunterricht mit der Sinnfrage zu versöhnen. Sie bilden den Kern der Grunderfahrung G1. An alltäglichen Beispielen (z.B. Milchtüte und Konservendose) lässt sich für alle Beteiligten erfahren, dass die Mathematik einen begrenzten, aber relevanten Nutzen haben kann. Sich dafür Zeit zu nehmen zahlt sich aus, zumal der Rechnereinsatz für Entlastung sorgen kann.

6.2.4 Das Medium Computer

Im Zuge der technologischen Entwicklung ist es selbstverständlich geworden, nach Nutzungsmöglichkeiten des Computers für das Lernen von Mathematik zu fragen. Seine numerische, graphische und algebraische Kompetenz ist bereits angeklungen und inzwischen – vor allem über den Taschenrechner – generell auf dem Vormarsch. Beim Themenkreis Extremwertprobleme richten wir unseren

Blick auf eine besondere Möglichkeit des Mediums Computer. Es ist die Fähigkeit zur *dynamischen Visualisierung* (z.B. im Zugmodus dynamischer Geometriesoftware). Es liegt auf der Hand, dass gerade dadurch ein verständiger Umgang mit Extremwertaufgaben gefördert werden kann. Schließlich geht es im Kern jeweils darum, die ganze Variabilität der konkurrierenden Konstellationen mitzudenken und zu sehen.

Noch einmal: Das isoperimetrische Problem für Rechtecke

Einem einfachen Beispiel für eine dynamische Visualisierung sind wir im einführenden Abschnitt dieses Kapitels bei der Diskussion des isoperimetrischen Problems für Rechtecke bereits begegnet (6.1.2): Für eine konkrete Fadenlänge (40 cm) wurde die Gesamtheit der konkurrierenden Konstellationen diskret durchlaufen und so organisiert, dass die jeweiligen Veränderungen arithmetisch *und* geometrisch sinnfällig werden.

Wann ist der Inhalt am größten ?	erste zweite Rechteckseite		Inhalt
	$1cm$	$19cm$	$19cm^2$
	2	18	36
	3	17	51
	4	16	64
	5	15	75
	6	14	84
	7	13	91
	8	12	96
	9	11	99
	10	10	100
	11	9	99
	12	8	96
	13	7	91
	14	6	84
	15	5	75
$84\,cm^2$	16	4	64
	17	3	51
	18	2	36
Umfang = 2·(14 + 6) cm = 40 cm	19	1	19

Abgebildet ist eine Momentaufnahme, die die Dynamik nur unzureichend einfängt:

Der Cursor in der Tabelle kann nach oben und unten gefahren werden. Dadurch beeinflusst man die Form des mitlaufenden Rechtecks. Die numerischen Daten machen deutlich, dass der Flächeninhalt dabei variiert, während der Umfang konstant bleibt.

Durch selbst gesteuerte Manipulation wird der Blick gerichtet auf das, was fest bleibt, was variiert und wie es variiert.

204

Diese (dynamische, hier nur ganzzahlig-diskrete) Visualisierung enthält Ansätze für die Vergewisserung, dass das Quadrat optimal ist. Sie kann den Prozess des Findens und Begründens wirksam unterstützen.[1]

Generell kommt es darauf an, dass interaktive dynamische Visualisierungen den Blick auf die (mathematische) Sache nicht erschweren oder gar verstellen, sondern die inhaltliche Auseinandersetzung mit dem Problem herausfordern und begleiten.[2]

Wir bleiben beim isoperimetrischen Problem für Rechtecke und beleuchten dieses Beispiel aus einer komplexeren Perspektive. Auch hier wird die dynamische Visualisierung hilfreich sein für eine verständige Durchdringung.

Beim isoperimetrischen Problem für Rechtecke sind die Flächen aller konkurrierenden, d.h. umfangsgleichen Rechtecke der Größe nach zu vergleichen. Wir bringen in vielleicht unerwarteter Weise den – geeignet dynamisierten – Höhensatz des Euklid ins Spiel:[3]

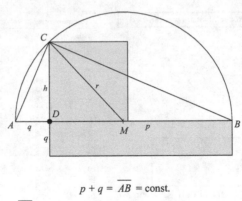

$$p + q = \overline{AB} = \text{const.}$$

$\overline{AB}$ und M fest, D verschiebbar zwischen A und M

Verschiebt man den Punkt D von A nach M, so werden unterhalb von AB alle konkurrierenden Rechtecke (mit dem festen halben Umfang $\overline{AB} = q + p$) durchlau-

---

[1] Zur Realisierung vgl. die CD Danckwerts/Vogel/Maczey 2001.

[2] Vgl. Danckwerts/Vogel 2003.

[3] Vgl. Danckwerts/Vogel/Maczey 2000.

fen. Ihre Flächeninhalte sind jeweils genauso groß wie die Quadrate über der entsprechenden Höhe (Höhensatz). Das flächengrößte unter den Quadraten wird erreicht, wenn D auf M zu liegen kommt, denn die Höhe h kann höchstens so groß werden wie der Radius CM des Halbkreises. Liegt D auf M, so ist $q = p$; das konkurrierende Rechteck ist dann selbst ein Quadrat. Damit ist das isoperimetrische Problem für Rechtecke auf eine andere Weise gesehen und gelöst.

Die *Visualisierung im Zugmodus* unterstützt das Verständnis des Beweisarguments vorzüglich: Die unüberschaubare Schar konkurrierender Rechtecke unterhalb von AB wird repräsentiert durch die von links nach rechts monoton wachsende Schar der jeweils flächeninhaltsgleichen Quadrate oberhalb von AB mit augenfälliger Lage des Optimums.

Bemerkenswert ist, dass man mit derselben Figur – nur anders dynamisiert – auch das duale Extremalproblem erschließt: *Unter allen flächengleichen Rechtecken hat das Quadrat den kleinsten Umfang.*

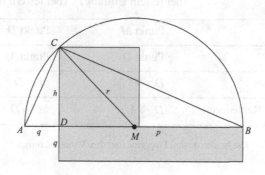

$h = \overline{CD}$ = const.
D fest, M verschiebbar

Schiebt man den Punkt M auf D zu, werden unterhalb von AB alle konkurrierenden Rechtecke (mit dem festen Inhalt $q \cdot p$) durchlaufen. Ihr halber Umfang ist jeweils gleich dem Durchmesser des entsprechenden Halbkreises über AB. Er wird minimal, wenn der Radius des Kreises minimal ist, d.h. wenn MC auf $DC = h$ zu liegen kommt. (Der Radius r ist mindestens so groß wie h und gleich h, wenn M auf D liegt.) In diesem Fall aber ist $q = p$, d.h. das Rechteck ist quadratisch. Das ist die Lösung des dualen Problems.

Auch hier unterstützt die Visualisierung im Zugmodus das Verständnis des Beweisarguments: Die interessierende Eigenschaft der unüberschaubaren Schar konkurrierender Rechtecke wird repräsentiert durch die Kreisradien $r = MC$. Sie lassen sich in einfacher Weise mit der festen Strecke $h = DC$ der Länge nach vergleichen. Die augenfällige Lage des Optimums führt zum Quadrat.

Die Dualität beider Problemstellungen zeigt sich bei der dynamischen Visualisierung im Rollentausch der Punkte D und M: Während beim Ausgangsproblem der Punkt M als Kreismittelpunkt fixiert ist und D zur Realisierung des Optimums auf M zuläuft, ist es beim dualen Problem genau umgekehrt: D ist fixiert und M läuft zur Realisierung des Optimums auf D zu:

	Inhalt maximal (bei festem Umfang)	Umfang minimal (bei festem Inhalt)
fest	Punkt M	Punkt D
variabel	Punkt D	Punkt M
optimaler Fall	$D = M$	$M = D$
dynamische Realisierung	$D \to M$	$M \to D$

Die beiden dualen Probleme und ihre Visualisierung

Hier liegt mehr vor als ein bloßer syntaktischer Rollentausch von D und M: Die Dynamisierungen erlauben für *beide* Sätze ein inhaltliches Verstehen des Beweisarguments. *Unsere dynamischen Visualisierungen machen den Begriff „Dualität" gleichsam sinnlich erfahrbar.*

Die auf diese Weise zugängliche Symmetrie ist bemerkenswert, da die Konstanz des *Produkts* im dualen Problem gedanklich deutlich schwerer zu fassen ist als die Konstanz der *Summe* im Ausgangsproblem. (Der eine Zusammenhang ist antiproportional, der andere eben linear!)

Naturgemäß ist die hier gegebene Beschreibung nur die halbe Sache: Erst das selbst gesteuerte Manipulieren der Dynamisierung initiiert die skizzierten Einsichten. Selbst eine Vorführung ist kein Ersatz.

Blicken wir zurück: Natürlich ist der Höhensatz (ob dynamisiert oder nicht) nicht das Hilfsmittel der Wahl, um das isoperimetrische Problem für Rechtecke elementar zu lösen (vgl. die Lösungen in 6.1.2). Aber in Verbindung mit dem dualen Problem entwickelt der dynamische Höhensatz eine heuristische Kraft, die zu einem tieferen Verständnis der Dualität beider Probleme beitragen kann.

Die erfolgreiche Bearbeitung beider Fragestellungen beruhte darauf, sich genau zu überlegen, was fest bleibt und was variiert. *Diese Denkweise wird durch die gewählte Art der dynamischen Visualisierung ins Bewusstsein gerückt.* Sie ist grundlegend für eine wissenschaftliche Durchdringung vieler mathematischer und naturwissenschaftlicher Sachverhalte.

Ein angemessenes Problemverständnis beider Extremwertaufgaben verlangt, die Vielfalt (Variabilität) der konkurrierenden Konstellationen mitzudenken und zu sehen. Dies ist nicht ohne ein entwickeltes Variablenverständnis möglich (hier geht es um den „Bereichsaspekt" von Variablen mit seinen beiden Erscheinungsformen Simultan- und Veränderlichenaspekt[1]). *Und dieser verständige Umgang mit dem Variablenbegriff wird durch die dynamische Visualisierung wirksam gefördert.* Er ist z.B. Voraussetzung dafür, dass man die (im Übrigen hier ja gleichzeitig mit visualisierte) Mittelungleichung als universelles Instrument zur Lösung von Extremalproblemen überhaupt einsetzen kann.

Zusammenfassung

Die dynamische Exploration bietet Sprechanlässe, die über die Möglichkeiten eines statischen Bildes weit hinausgehen. Diese Anlässe gilt es zu nutzen, damit die Bilder im Kopf der Schüler beweglich werden. *Die dynamische Visualisierung wird zum Medium (Mittler!) zwischen dem mathematischen Gegenstand und der individuellen Sinnkonstruktion beim Schüler.* (Dahinter steht die Überzeugung vom Lernen als Konstruieren und nicht als Abbilden.[2])

---

[1] Vgl. Malle 1993, S. 80.
[2] Vgl. Malle 1993.

6.3 Zusammenfassung

Hauptziel war es, die traditionell dominante Stellung des analytischen Standard-verfahrens zur Behandlung von Extremwertproblemen zu relativieren. Diskutiert wurden vier meist vernachlässigte Aspekte: Kraft elementarer Methoden, Einbe-ziehung historischer Momente, Aktivitäten zur Modellbildung und die Nutzung des Mediums Computer.

Die Beachtung dieser Aspekte trägt zum allgemeinbildenden Wert der Thematik bei, denn die Aspekte sind den drei Grunderfahrungen G1 bis G3 direkt zugeord-net: die elementaren Methoden und die historischen Momente der Grunderfahrung G2 („Welt der Mathematik als Disziplin"), Modellbildung und Computer der Grunderfahrung G1 („Beziehung der Mathematik zum Rest der Welt") und alle vier Aspekte durch die Art ihrer Behandlung im Unterricht der Grunderfahrung G3 („Heuristik als universelles Werkzeug").

Die Wahrnehmung historischer Wurzeln und elementarer Methoden gibt dem Themenkreis Extremwertprobleme jenen Reichtum zurück, der ihm innewohnt. Damit verbunden ist die Sichtweise einer vernetzten Struktur der Thematik, wie sie sich in der folgenden Übersicht zeigt.

Als tragfähiger Ausgangspunkt erwies sich das ebenso einfache wie beziehungs-reiche isoperimetrische Problem für Rechtecke, das in natürlicher Weise den Zu-gang sowohl zur historischen Sicht (linker Strang) als auch zu den elementaren Methoden (rechter Strang) eröffnete. Die Behandlung des Problems durch Fermat führte zu einem tieferen Verständnis des heute üblichen Standardverfahrens. Kraft und Reichweite elementarer Methoden relativieren die Bedeutung des analyti-schen Standardkalküls. Das Standardverfahren erfährt eine Bereicherung durch Anwendungsorientierung im Sinne modellbildender Aktivitäten.[1]

---

[1] Die Fähigkeit des Computers zur nichtlinearen Vernetzung (Bildung von Hypertexten) erlaubt es, sich in der vernetzten Struktur eines mathematischen Gegenstandes mühelos zu bewegen. Die zusammenfassende Übersicht zum Themenkreis Extremwertprobleme bildet die Basis für die freie, aber didaktisch geleitete Erkundung eines entsprechenden CD-Produkts (vgl. Danckwerts/Vogel/Maczey 2001).

Netzstruktur

zum Themenkreis

Extremwertprobleme

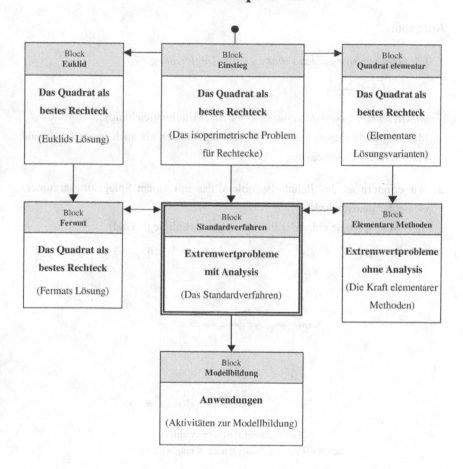

210

Natürlich wird man die vernetzte Struktur des Themenkreises im Unterricht nicht in voller Breite einholen. Uns ging es um Anregungen, die sich erfolgreich auch exemplarisch und lokal verwirklichen lassen.

Aufgaben

1. *Für nichtnegative Zahlen x und y gilt die Ungleichung*

$$\sqrt{xy} \leq \frac{x+y}{2}$$

mit Gleichheit genau dann, wenn x = y ist (Mittelungleichung).

Man begründe diesen Satz sowohl rein algebraisch als auch geometrisch und diskutiere die Unterschiede.

2. Wir erinnern an das Bahnhofsproblem, das mit einem Spiegelungsargument elementar gelöst wurde[1]:

Idee: Man spiegele einen der Punkte an der Bahnlinie (s. Bild).

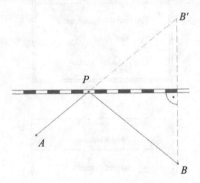

Der Bahnhof P ist so zu wählen,
dass der Weg von A über P nach B möglichst kurz ist.

a) Man begründe elementargeometrisch, dass der gewonnene Punkt P tatsächlich optimal ist, d.h. jeder Konkurrenzpunkt zu einer größeren Entfernungssumme führt.

---

[1] Vgl. Abschnitt 6.2.1.

b) Man löse die Aufgabe mit dem analytischen Standardkalkül und vergleiche diesen Weg mit der elementaren Lösung.

c) In welchem Zusammenhang steht das Problem mit dem Reflexionsgesetz der geometrischen Optik?

Aufgaben für den Unterricht

3. *100 m eines Zauns stehen schon, 200 m sollen so hinzugefügt werden, dass ein Rechteck möglichst großer Fläche eingezäunt wird.*

Der Ansatz $A(x) = (100 + x)(50 - x)$ führt zur Maximalstelle $x = -25$. Von dem bereits bestehenden Zaunstück sind also 25 Meter abzureißen. Davon war aber nicht die Rede. Was ist hier los?

4. *Unter allen flächengleichen Rechtecken hat das Quadrat den kleinsten Umfang.* Begründe diesen Sachverhalt einmal mit und einmal ohne Analysis.

5. *(Projekt: Amerikanisches Stahlfass)*
   Trotz aller Bemühungen, das metrische System einzuführen, sind nach wie vor in den USA die alten Längen- und Raummaße gebräuchlich. Für die Umrechnung der hier auftretenden Maße gilt

   1 gage   = 0,0604 mm (Dickenmaß für Stahlbleche)
   1 inch   = 2,54 cm
   1 foot   = 30,48 cm
   1 gallon = 3,785 l

Nach der amerikanischen Norm (American National Standard Institute – ANSI) sind für ein 55-gallon-Fass (gut 200 Liter) folgende Vorgaben einzuhalten:

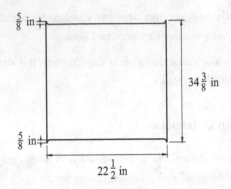

Boden und Deckel werden aus 18 gage-dickem Stahlblech gestanzt, der Mantel aus 20 gage-Stahlblech. Das Mantelblech wird gerollt, auf Stoß gelegt und verschweißt. Anschließend werden Boden und Deckel mit dem Mantel verfalzt. Dafür gehen von der Höhe des Mantels ca. $\frac{13}{16}$ inches und von Deckel und Boden beidseitig je $\frac{3}{4}$ inches verloren. Für die Herstellung gehe man von folgenden Kosten aus:

> 18 gage-Stahl kostet 45 cents je (foot)^2
> 20 gage-Stahl kostet 34 cents je (foot)^2
> Verschweißen und Verfalzen kostet jeweils 10 cents je foot
> Stahl stanzen kostet 2 cents je foot

Außerdem ist zu beachten, dass das 55-gallon-Fass ein minimales Fassungsvermögen von 57,20 gallon haben muss.

Ist das amerikanische Normfass so dimensioniert, dass seine Herstellung kostenminimal ist?

Die Antwort ist ausführlich zu begründen.

Anleitung

a) Man stelle sich vor, wie das Fass schrittweise hergestellt wird, angefangen mit dem Ausstanzen von Deckel, Boden und Mantel, bis zum Zusammenschweißen und -falzen. Jeder Schritt verursacht eigene Kosten!

Der Mantel werde aus einem (endlos zu denkenden) Blech der Breite h gestanzt, Boden und Deckel aus quadratischen Stücken der Kantenlänge $2r$, die ihrerseits aus einem (wiederum endlos zu denkenden) Blech der Breite $2r$ geschnitten wurden.

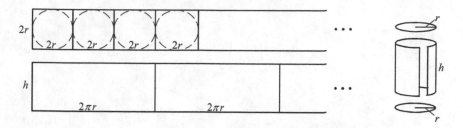

b) Beziehe alle Maße auf die Längeneinheit inch bzw. (inch)^2 und gibt die entstehenden Kosten K in US \$ an. Dann ergibt sich die Kostenfunktion

$$K(r,h) = 2\pi r h \cdot 0,002361 + 2 \cdot (2r)^2 \cdot 0,003125$$
$$+ (h + 2 \cdot 2r) \cdot 0,001667 + 2 \cdot 2\pi r \cdot 0,001667$$
$$+ h \cdot 0,008333 + 2 \cdot 2\pi r \cdot 0,008333$$

c) Für die Nebenbedingung sind 57,20 gallon Fassungsvermögen zu Grunde zu legen und Radius r wie Höhe h um die entsprechenden Verluste zu verringern.

Exkurs: Analysisunterricht hat Geschichte![1]

Die Tatsache, dass der Analysisunterricht historisch bedingt ist, ermöglicht ein tieferes Verständnis der Didaktik der Analysis.

In diesem Exkurs erinnern wir zunächst daran, dass die Analysis selbst – als etablierter Wissensbestand der Mathematik – eine Geschichte hat, fragen sodann, wie die Analysis in die Schule kam und skizzieren Entwicklungslinien bis in die heutige Zeit.

Die Analysis hat Geschichte!

Für Fragen nach der Lehrbarkeit der Analysis ist es nützlich und entlastend, sich bewusst zu machen: Hinter dem heute üblichen kanonischen Aufbau einer Anfängervorlesung zur Analysis stehen gut 200 Jahre der Entwicklung der Analysis als mathematische Disziplin. Wir nennen schlaglichtartig einige jener Etappen, die verständlich machen, wie sehr die Analysis auch eine Frage des mathematischen Standpunkts ist.

Das erste Lehrbuch der Differenzialrechnung erschien Ende des 17. Jahrhunderts (de l'Hospital 1696). Zum einflussreichsten Analysislehrbuch im 18. Jahrhundert wurde Eulers ‚Introductio in Analysis Infinitorum' von 1748, in dem intuitiv und unbefangen, aber virtuos mit „unendlich kleinen (und großen) Zahlen" umgegangen wird. Es folgten sehr verschiedene Ansätze der theoretischen Grundlegung[2]: Erste *geometrisch* orientierte Ansätze zu einer strengeren Begründung finden sich bereits bei Newton 1687 in den ‚Principia Mathematica'. Einflussreich war der Versuch einer *algebraischen* Fundierung durch Lagrange 1797 („Algebraische Analysis" mit Potenzreihen). Durchgesetzt hat sich schließlich die *arithmetische* Grundlegung in Form der bekannten Epsilontik, die mit Cauchy in seinen ‚Cours d'Analyse de l'Ecole Polytechnique' 1821 begann und von Weierstraß in seinen

---

[1] Wir stützen uns hier auf Blum/Törner 1983, S. 181 ff.; Tietze/Klika/Wolpers 1997, S. 218 ff.; Führer 1981 sowie auf ein unveröffentlichtes Manuskript von Ullrich 2003.

[2] Näheres hierzu siehe etwa in Jahnke 1999.

Vorlesungen ab 1860 weiterentwickelt wurde, einschließlich der ersten Versuche einer formalen Definition der reellen Zahlen.

Wie kam die Analysis in die Schule?

Etablierten Analysisunterricht in Deutschland gibt es seit gut 90 Jahren. Wie hat es angefangen?

Im Rahmen der grundlegenden Reformen des preußischen Unterrichtswesens unter Wilhelm von Humboldt entstand Anfang des 19. Jahrhunderts erstmalig ein Lehrplan für Gymnasien. Der maßgebliche Süvern'sche Lehrplan folgte im Bereich Zahlen- und Funktionenlehre dem damals aktuellen Konzept der Algebraischen Analysis, die eigentliche Differenzial- und Integralrechnung war jedoch nicht verpflichtend. In der restaurativen Periode nach 1815 wurde die Mathematik zugunsten der alten Sprachen zurückgedrängt. Das verstärkte die restriktive Haltung gegenüber der Analysis, und Ende des 19. Jahrhunderts gab es eine Phase, in der die Differenzial- und Integralrechnung auf der höheren Schule regelrecht verboten war.

Der entscheidende Impuls für eine Neuorientierung ging Anfang des 20. Jahrhunderts von der Jahresversammlung der Deutschen Mathematiker-Vereinigung 1905 in Meran aus. Die Meraner Reform steht in einem größeren bildungspolitischen Kontext mit Wurzeln im 19. Jahrhundert: Das neuhumanistische Bildungsideal war – angesichts des technisch-wissenschaftlichen Fortschritts und der zunehmenden Industrialisierung – fragwürdig geworden. Im Zuge dieser Entwicklung kam es mit Beginn des 20. Jahrhunderts zur Aufwertung der Oberrealschulen und Realgymnasien, die das klassische humanistische Gymnasium gleichwertig ergänzen sollten.

Um 1900 wurde die verpflichtende Behandlung der Infinitesimalrechnung noch abgelehnt, aber die Stimmung wandelte sich, als der einflussreiche Mathematiker Felix Klein in Meran seine Thesen zur Reform des Mathematikunterrichts vortrug. Klein gab der Differenzial- und Integralrechnung einen herausgehobenen Platz in der Oberstufenmathematik. Mit der für sie typischen funktionalen Denkweise wurde die Analysis von den Reformern – unabhängig vom Typus der Oberschule – als tragendes Element des Oberstufenunterrichts in Mathematik angesehen. Für die Protagonisten der Reform war der Funktionsbegriff die zentrale und alles verbindende Leitidee. Felix Klein nennt die Differenzial- und Integralrechnung die „Krönung des Funktionsbegriffs" und führt hierzu aus:

> „Ich knüpfe gern daran an, dass die preußischen Lehrpläne von 1901 neben anderen beachtenswerten Momenten die Aufforderung enthalten, den Schülern der oberen Klassen ein eingehendes Verständnis des Funktionsbegriffs, mit dem sie ‚schon auf früheren Stufen bekannt geworden sind', zu erschließen. ... Mein Ziel ist, überzeugend darzulegen, daß die hiermit gegebenen Gesichtspunkte, von Untersekunda beginnend, in richtiger methodischer Steigerung den ganzen mathematischen Unterricht entscheidend beeinflussen sollen, dass der Funktionsbegriff in geometrischer Fassung den übrigen Lehrstoff wie ein Ferment durchdringen soll. Hierin ist eine gewisse Berücksichtigung der analytischen Geometrie, andererseits aber auch der Anfänge der Differential- und Integralrechnung von selbst mit eingeschlossen. ...
> Ein wirkliches Verständnis des Gegenstandes ist indessen ohne Zweifel nur möglich, wenn man bei der graphischen Darstellung der Funktionen auch mit dem Begriff der Neigung gegen die Horizontale operieren kann, und ebensosehr bedarf man da und dort der Idee des Flächeninhalts von Kurven. Soll ich auch noch darauf hinweisen, dass sich in der Mechanik die unentbehrlichen Begriffe der Geschwindigkeit und Beschleunigung nur in Verbindung mit den Ideen der Differentialrechnung hinreichend deutlich machen lassen? Hier liegt die Notwendigkeit einer Umgestaltung unseres Unterrichts wohl besonders klar zutage. Ich fasse also kurz zusammen: eine gründliche und fruchtbare Behandlung des Funktionsbegriffs sowie der Grundbegriffe der Mechanik involviert ganz naturgemäß die Hereinnahme der elementaren Infinitesimalrechnung in den Unterricht der höheren Schulen."[1]

Im Jahre 1914 war die Analysis auf der höheren Schule in Deutschland praktisch eingeführt, und dieser Stand wurde mit den Richert'schen Richtlinien 1925 festgeschrieben.

Stagnation und Aufbruch

Mit dem Nationalsozialismus endete die Reformbewegung. Das Interesse an begrifflicher Durchdringung trat deutlich zurück hinter den praktischen Nutzen und den technischen Anwendungen der Analysis. In der restaurativen Phase nach 1945 – sie dauerte bis Mitte der 60er Jahre – wurde in der Bundesrepublik systematisch an die Klein'sche Reform angeknüpft und das Analysis-Curriculum weiter ausdifferenziert, mit ausgeprägten Anwendungen auf physikalische Probleme.

---

[1] Zitiert nach Führer 1981, S. 90.

Um 1960 wurde der Ruf nach einer Modernisierung des Mathematikunterrichts am Gymnasium immer lauter. Eine Reform sollte vor allem neueren Entwicklungen in der Wissenschaft Mathematik gerecht werden, also im Zuge des ‚Bourbakismus' primär strukturmathematisch ausgerichtet sein. (Diese Entwicklung ging an der DDR vorbei, da der Ostblock nicht dezidiert strukturmathematisch orientiert war.) Für den Analysisunterricht bedeutete dies eine stärkere Orientierung an den topologischen Grundlagen der Analysis. Bis Mitte der 70er Jahre hatte diese so genannte Struktur- und Strengewelle die Schulbuchliteratur und den Analysisunterricht voll erreicht.[1]

Institutionalisiert wurde die ‚Neue Mathematik' durch den Beschluss der Kultusministerkonferenz (KMK) von 1968. Mit der Einführung der neu gestalteten gymnasialen Oberstufe durch die KMK-Vereinbarung von 1972 wurde die Analysis endgültig zum dominanten Lernbereich der Oberstufenmathematik, und sie durchdrang die neu geschaffenen Grund- und Leistungskurse in gleicher Weise.

Neue Ziele und Herausforderungen

Nach durchgreifender Ernüchterung im unterrichtlichen Umgang mit den Exaktheitsansprüchen der Strengewelle wurde zunehmend dafür plädiert, mehr Wert zu legen auf inhaltliche Grundvorstellungen der behandelten Begriffe und Verfahren. Die ab Mitte der 70er Jahre diskutierte Zielsetzung, didaktisch zu vereinfachen, ohne inhaltlich zu verfälschen, also „intellektuell ehrlich" (A. Kirsch) mit der Mathematik umzugehen, wurde auch von der Deutschen Mathematiker-Vereinigung (DMV) unterstützt und insbesondere für die Analysis konkretisiert. In der DMV-Denkschrift von 1976 heißt es:

„Die wichtigste Aufgabe der Differentialrechnung ist es, den Begriff der Ableitung einzuführen und den Zusammenhang zwischen einer Funktion und ihrer Ableitung klarzumachen …. Diese Inhalte sind nicht austauschbar und nicht abwählbar. Sie sind größtenteils klassisch; unmodern jedoch können niemals Inhalte, sondern nur Betrachtungsweisen sein …. Jedoch muss das Verhältnis der für ein Gebiet typischen Probleme, Grundgedanken und Methoden, das Verständnis des Inhaltes eines Satzes und der Grundidee eines Beweises unbedingt den Vorrang behalten vor formaler Exaktheit und Vollständigkeit …. Plausibilitätsbetrachtungen sind ein legitimes Unterrichtsmittel, nicht nur wenn es um heuristische Be-

---

[1] Vgl. hierzu etwa das Schulbuch Schröder/Uchtmann 1972.

trachtungen geht, sondern auch dann, wenn in der exakten Begründung Lücken gelassen werden ....“[1]

Lehrpläne und (Analysis-)Schulbücher nahmen diese Akzentverschiebung ab Ende der 70er Jahre konsequent auf.[2] Erkennbar wird die Tendenz, die phänomenologischen, algorithmischen und theoretischen Aspekte der Analysis gleichermaßen zur Geltung kommen zu lassen und die Bedeutung des kanonischen Aufbaus der (Hochschul-)Analysis zu relativieren. Für den Analysisunterricht grundlegend sind die Arbeiten von Blum und Kirsch ab Mitte der 70er Jahre[3], in denen das Verhältnis von Anschaulichkeit und Strenge exemplarisch für den Lernbereich Analysis thematisiert wurde. Insbesondere die konzeptionelle Debatte um die Grundkurs/Leistungskurs-Differenzierung hat hiervon profitiert.

Ab Mitte der 80er Jahre wurde in der fachdidaktischen Diskussion verstärkt auf die Notwendigkeit hingewiesen, den Mathematikunterricht – und im Besonderen den Analysisunterricht - realitätsnäher zu gestalten, d.h. der Anwendungsorientierung im Sinne modellbildender Aktivitäten mehr Raum zu geben.

Seit Anfang der 90er Jahre hat die zunehmende Verfügbarkeit leistungsfähiger (Taschen-)Rechner die Diskussion intensiviert, wohin sich der Analysisunterricht unter dem Einfluss der neuen Werkzeuge entwickeln wird (soll).[4] In Verbindung damit wurde die Frage nach dem Bildungsauftrag des Analysisunterrichts belebt.[5]

In der nachfolgenden Übersicht sind die skizzierten Reformimpulse und gesellschaftlichen Einflüsse zusammengefasst.

---

[1] Zitiert nach Blum/Törner 1983, S. 191.

[2] Vgl. hierzu etwa das Schulbuch Athen/Griesel/Postel 1982.

[3] Hier vor allem Blum 1975, Blum/Kirsch 1979.

[4] Vgl. hierzu die „Quo vadis“ – Debatte in Danckwerts/Vogel 1992, die das erste Kapitel dieses Buches eingeleitet hat.

[5] Vgl. hierzu Blum 1995 sowie die für dieses Buch zentrale Expertise zum Mathematikunterricht in der gymnasialen Oberstufe Borneleit/Danckwerts/Henn/Weigand 2001.

Zeit	Reformimpulse	Einflüsse
um 1810	Süvern'scher Lehrplan: Analysis nicht verpflichtend	neuhumanistisches Bildungsideal (W. v. Humboldt)
1905	*Meraner Reform*: Analysis als „Krönung des Funktionsbegriffs" (F. Klein)	technisch- wissenschaftlicher Fortschritt (Industrialisierung)
1933 – 1945	Ende der Reformbewegung	Nationalsozialismus
Nachkriegszeit	Anknüpfung an die Klein'sche Reform	Wiederaufbau
um 1960	*Modernisierungsschub* (‚Bourbakismus'): Analysis in topologischer Sicht	Westorientierung (für die BRD)
um 1975	*Balance von Anschaulichkeit und Strenge:* Vorrang inhaltlicher Grundvorstellungen von Ableitung und Integral (A. Kirsch, W. Blum)	Demokratisierung der Gesellschaft, Oberstufenreform (KMK)
ab ca. 1985	Betonung der Anwendungsorientierung: Analysis als Instrument der Modellbildung	gesellschaftlicher Legitimationsdruck
ab ca. 1990	Verfügbarkeit leistungsfähige *Software* mit numerischer, graphischer und algebraischer Potenz: Folgerungen für das Analysis-Curriculum!?	zunehmende Verbreitung des Computers

Übersicht: Entwicklung des Analysisunterrichts

Literatur

Verwendete Abkürzungen:

DdM: Didaktik der Mathematik
DMV: Mitteilungen der Deutschen Mathematiker-Vereinigung
JMD: Journal für Mathematikdidaktik
math.did.: mathematica didactica
ml: mathematiklehren
MNU: Der Mathematische und Naturwissenschaftliche Unterricht
MU: Der Mathematikunterricht
PM: Praxis der Mathematik in der Schule
ZDM: Zentralblatt für Didaktik der Mathematik
Z. f. Päd.: Zeitschrift für Pädagogik

Andelfinger, Bernd (1990): LehrerInnen- und LernerInnenkonzepte im Analysis-unterricht. Ansätze zu ihrer Beschreibung und Interpretation. In: MU 36, Heft 3, 29-44.

Athen, Hermann; Griesel, Heinz; Postel, Helmut (Hrsg.) (1982): Mathematik heu-te. Leistungskurs Analysis I. Hannover.

Barzel, Bärbel; Fröhlich, Ines; Stachniss-Carp, Sibille (2004): Kurvendiskussion ist out – es lebe die Kurvenuntersuchung. In: ml, Heft 122, 50-53.

Baumert, Jürgen; Bos, Wilfried; Lehmann, Rainer (1999): TIMSS/III. Schülerleis-tungen in Mathematik und den Naturwissenschaften am Ende der Sekun-darstufe II im internationalen Vergleich. Zusammenfassung deskriptiver Ergebnisse. Studien und Berichte, Band 64. Berlin.

Beutelspacher, Albrecht; Weigand, Hans-Georg (2002): Endlich ... unendlich! In: ml, Heft 112, 4-8.

Blum, Werner (1979): Zum vereinfachten Grenzwertbegriff in der Differential-rechnung. In: MU 25, Heft 3, 42 - 50.

Blum, Werner (2000): Perspektiven für den Analysisunterricht. In: Der MU 46 (4-5), 5-17.

222

Blum, Werner; Kirsch, Arnold (Hrsg.) (1979): Anschaulichkeit und Strenge in der Analysis IV. In: MU 25, Heft 3.

Blum, Werner; Törner, Günter (1983): Didaktik der Analysis. Göttingen.

Borneleit, Peter; Danckwerts, Rainer; Henn, Hans-Wolfgang; Weigand, Hans-Georg (2001): Expertise zum Mathematikunterricht in der gymnasialen Oberstufe. In: JMD 22, Heft 1, 73 - 90.

Böer, Heinz (1993): Extremwertproblem Milchtüte. Eine tatsächliche Problemstellung aktueller industrieller Massenproduktion. In: Blum, Werner (Hrsg.): Anwendungen und Modellbildung im Mathematikunterricht. Beiträge aus dem ISTRON-Wettbewerb. Hildesheim. 1-16.

Bürger, Heinrich; Malle Günther (2000): Funktionsuntersuchungen mit Differentialrechnung. In: ml, Heft 103, 56-59.

Cauchy, Augustin Louis (1836): Vorlesungen über die Differenzialrechnung. Braunschweig.

Cukrowicz, Jutta; Zimmermann, Bernd (2003): MatheNetz 11. Analysis. Ausgabe N. Braunschweig.

Danckwerts, Rainer; Requate, Till (1986): Oszillierende Funktionen – eine Chance zur Stärkung der Intuition. In: MU 32, Heft 2, 44-51.

Danckwerts, Rainer; Vogel, Dankwart (Hrsg.) (1986a): Analysis. MU 32, Heft 2.

Danckwerts, Rainer; Vogel, Dankwart (1986b): Ein Plädoyer für den Schrankensatz. In: MU 32, Heft 2, 16-23.

Danckwerts, Rainer; Vogel, Dankwart (1986c): Was ist die Ableitung? In: MU 32, Heft 2, 5-15.

Danckwerts, Rainer; Vogel, Dankwart (1991): Analysis für Leistungskurse 12/13. Stuttgart. (Nachdruck unter dem Titel: Elementare Analysis. Norderstedt 2005.)

Danckwerts, Rainer; Vogel, Dankwart (1992): Quo vadis Analysisunterricht? In: MNU 45, Heft 6, 370 - 374.

Danckwerts, Rainer; Vogel, Dankwart (1997a): Ein Blick in die Geschichte: Euklid. In: ml, Heft 81, 17-20.

Danckwerts, Rainer; Vogel, Dankwart (1997b): Ein Blick in die Geschichte: Fermat und Kepler. In: ml, Heft 81, 59-62.

Danckwerts, Rainer; Vogel, Dankwart (2001a): Ameisen und die Ableitung. In: Abel, Heinrich; Klika, Manfred; Sylvester, Thomas (Hrsg.): ISTRON Band 7. 61-68.

Danckwerts, Rainer; Vogel, Dankwart (2001b): Der Themenkreis Extremwertprobleme – Wege der Öffnung. MU 47, Heft 4.

Danckwerts, Rainer; Vogel, Dankwart (2001c): Extremwertaufgaben im Unterricht – Wege der Öffnung. In: MU 47, Heft 4, 9-15.

Danckwerts, Rainer; Vogel, Dankwart (2001d): Extremwertprobleme mit Analysis – Anmerkungen zu einer stabilen Tradition. In: MU 47, Heft 4, 16-21.

Danckwerts, Rainer; Vogel, Dankwart (2001e): Extremwertprobleme ohne Analysis – die Kraft elementarer Methoden. In: MU 47, Heft 4, 32-38.

Danckwerts, Rainer; Vogel, Dankwart (2001f): Milchtüte und Konservendose – Modellbildung im Unterricht. In: MU 47, Heft 4, 22-31.

Danckwerts, Rainer; Vogel, Dankwart (2003): Dynamisches Visualisieren und Mathematikunterricht. Ein Ausloten der Chancen an zwei Beispielen. In: ml, Heft 117, 19-22, 39.

Danckwerts, Rainer; Vogel, Dankwart (2005): Extremwertprobleme – Bemerkungen zur (Wieder-) Belebung eines alten Themas. In: math. did. 28, Heft 1, 15-22.

Danckwerts, Rainer; Vogel, Dankwart; Maczey, Dorothee (2000): Ein klassisches Problem – dynamisch visualisiert. In: MNU 53, Heft 6, 342-346.

Danckwerts, Rainer; Vogel, Dankwart; Maczey Dorothee (2001): Extremwertprobleme. CD zu MU 47, Heft 4, Universität Siegen.

Drijvers, Paul (2003): Algebra on a screen, on paper and in the mind. In: Fey, J.; Cuoco, A.; Kieran, C.; McMullin, L.; Zbiek, R. M. (Hrsg.): Computer Algebra Systems in Secondary School Mathematics Education. Reston, VA: National Council of Teachers of Mathematics.

Dugac, Pierre (1973): Eléments d'analyse de Karl Weierstrass. Berlin.

Euklid (1980): Die Elemente. Darmstadt.

Fermat, Pierre de (1891-1922): Oeuvres I. Paris.

Freudenthal, Hans (1973): Mathematik als pädagogische Aufgabe Bd. 1. Stuttgart.

Freudenthal, Hans (1986): Warum ist 0,999... = 1? In: ml, Heft 16, 19.

Führer, Lutz (1981): Zur Entstehung und Begründung des Analysisunterrichts an allgemeinbildenden Schulen. In: MU 27, Heft 5, 81-122.

Gowers, Timothy (2002): Mathematics. A very short introduction. Oxford.

Hahn, Steffen; Prediger, Susanne (2004): Vorstellungsorientierte Kurvendiskussion – Ein Plädoyer für das Qualitative. In: Beiträge zum Mathematikunterricht. 217-220; ausführliche Fassung unter: http://www.math.uni-bremen.de/didaktik/prediger/veroeff/04-BzMU-lang-qualitative-kurvendiskussion.pdf (Oktober 2005)

Hefendehl-Hebeker, Lisa (1999): Elemente einer veränderten Kultur des Mathematikunterrichts. In: Ministerium für Kultus, Jugend und Sport Baden-Württemberg (Hrsg.): Weiterentwicklung des mathematisch-naturwissenschaftlichen Unterrichts. Stuttgart. 33-46.

Heitzer, Johanna (2005): Kurven. ml, Heft 130.

Henn, Hans-Wolfgang (1997): Mathematik als Orientierung in einer komplexen Welt. In: MU 43, Heft 5, 6-13.

Henn, Hans-Wolfgang (2000a): Analysisunterricht im Aufbruch. In: MU 46 (4-5), 26-45.

Henn, Hans-Wolfgang (2000b): Änderungsraten als Zugang zu den zentralen Begriffen und Resultaten der Analysis. In: Förster, Frank; Henn, Hans-Wolfgang; Meyer, Jörg (Hrsg.): Materialien für einen realitätsbezogenen Mathematikunterricht, Bd. 6, 1-13.

Herfort, Peter; Hattig, Harald (1978): Zugänge zur Differentialrechnung. Mathematik MA 1. Analysis. Studienbriefe zur Fachdidaktik für Lehrer der Sekundarstufe 2. Weinheim.

Herget, Wilfried (1994): „Die alternative Aufgabe" – veränderte Aufgabenstellungen und veränderte Lösungswege mit/trotz Computersoftware. In: Hischer, Horst (Hrsg.): Mathematikunterricht und Computer, Hildesheim, 150-154.

Herget, Wilfried; Hischer, Horst; Lambert, Anselm (Hrsg.) (2005): Mathematikdidaktik für den Unterricht – Hans Schupp zum siebzigsten Geburtstag. math. did. 28, Heft 1.

Hischer, Horst; Scheid, Harald (1996): Grundbegriffe der Analysis. Heidelberg.

Hofe, vom Rudolf (1995): Grundvorstellungen mathematischer Inhalte. Heidelberg.

Hofe, vom Rudolf (1998): Probleme mit dem Grenzwert – Genetische Begriffsbildung und geistige Hindernisse. In: JMD 19, Heft 4, 257-291.

Hußmann, Stephan (2002): Konstruktivistisches Lernen an intentionalen Problemen. Mathematik unterrichten in einer offenen Lernumgebung. Hildesheim.

ISTRON-Gruppe (1997ff): Materialien für einen realitätsbezogenen Mathematikunterricht. Hildesheim.

Jäger, Joachim: Die optimale Dose. In: ml 1997, Heft 81, 53-57.

Jahnke, Hans Niels (1991): Historische Erfahrungen mit Mathematik. In: ml, Heft 91, 4-8.

Jahnke, Hans Niels (Hrsg.) (1999): Geschichte der Analysis. Heidelberg, Berlin.

Kac, Mark; Ulam, Stanislaw M. (1971): Mathematics and Logic. Middlesex.

Kalman, Dan (1997): Elementary Mathematical Models. MAA (Mathematical Association of America).

Kirchgraber, Urs (1999): Kurvendiskussion quo vadis? In: Selter, Christoph; Walther, Gerd (Hrsg.): Mathematikdidaktik als design science. Leipzig, 112-119.

Kirsch, Arnold (1976): Eine „intellektuell ehrliche" Einführung des Integralbegriffs in Grundkursen. In: DdM 4, Heft 2, 87-105.

Kirsch, Arnold (1987): Mathematik wirklich verstehen. Köln.

Kirsch, Arnold (1996): Der Hauptsatz – anschaulich? In: ml, Heft 78, 55-59.

Knoche, Norbert; Wippermann, Heinrich (1986): Vorlesungen zur Methodik und Didaktik der Analysis. Mannheim.

Kronfellner, Manfred (2002): Geschichte der Mathematik im Unterricht: Möglichkeiten und Grenzen. In: Beiträge zum Mathematikunterricht, 23-30.

Kropp, Gerhard (1994): Geschichte der Mathematik. Probleme und Gestalten. Wiesbaden.

Krüger, Katja (2000): Erziehung zum funktionalen Denken. Berlin.

Maier, Peter H. (2004): Zu fachsprachlicher Hyper- und Hypotrophie im Fach Mathematik oder Wie viel Fachsprache brauchen Schüler im Mathematikunterricht? In: JMD 25, Heft 2, 153-166.

Malle, Günther (1993): Didaktische Probleme der elementaren Algebra. Braunschweig.

Malle, Günther (2003): Vorstellungen vom Differenzenquotienten fördern. In: ml, Heft 118, 57-62.

Orton, Anthony (1977): Chords, secants, tangents and elementary calculus. In: Mathematics teaching 78, 48-49.

Padberg, Friedhelm; Danckwerts, Rainer; Stein, Martin (1995): Zahlbereiche. Heidelberg, Berlin, Oxford.

Polya, George (1995): Schule des Denkens. 4. Auflage. Tübingen.

Rademacher, Hans; Toeplitz, Otto (1930): Von Zahlen und Figuren. Berlin.

Richman, Fred (1999): Is 0.999... = 1? In: Mathematics Magazine 72, No. 5, 396-400.

Sawyer, Walter W. (1964): Vision in Elementary Mathematics. Harmondsworth.

Schmidt, Günter (2000): Analysisunterricht mit CAS als Werkzeug, ein großer Schritt zu den gewünschten Veränderungen? In: MU 46 (4-5), 46-71.

Schneider, Edith (2000): Einstieg in die Differentialrechnung mit CAS. In: ml, Heft 102, S. 40-43.

Schröder, Heinz; Uchtmann, Hermann (Hrsg.) (1972): Einführung in die Mathematik. Analysis. Frankfurt.

Schupp, Hans (1992): Optimieren. Mannheim.

Schupp, Hans (1994): Anwendungsorientierter Mathematikunterricht in der Sekundarstufe I zwischen Tradition und neuen Impulsen. In: Blum, Werner (Hrsg.): Materialien für einen realitätsbezogenen Mathematikunterricht. Schriftenreihe der ISTRON-Gruppe Band 1. Hildesheim, 1-11.

Schupp, Hans (Hrsg.) (1997a): Optimieren. ml, Heft 81.

Schupp, Hans (1997b): Optimieren ist fundamental. In: ml, Heft 81, 4-10.

Schupp, Hans (1998): Einige Thesen zur sogenannten Kurvendiskussion. In: MU 44 (4-5), 5-21.

Schweiger, Fritz (1992): Fundamentale Ideen. Eine geistesgeschichtliche Studie zur Mathematikdidaktik. In: JMD 13, Heft 2/3, 199-214.

Steinberg, Günter (1993): Polarkoordinaten. Eine Anregung, sehen und fragen zu lernen. Hannover.

Steinberg, Günter (2005): Kurvendiskussionen: Wirklich Diskussion von Kurven? In: math.did. 28, Heft 1, 44-57.

Struik, Dirk J. (1986): A source-book in mathematics. Princetown.

Swan, Malcam u.a. (1985): The Language of Functions and Graphs. Manchester.

Tall, David O.; Vinner, Shlomo (1981): Concept Image and Concept Definition in Mathematics with Particular Reference to Limits and Continuity. In: Educational Studies in Mathematics 12, 151-169.

Thies, Silke (2002): Zur Bedeutung diskreter Arbeitsweisen im Mathematikunterricht. Dissertation. Universität Gießen.

Tietze, Uwe-P.; Klika, Manfred; Wolpers, Hans (1997): Mathematikunterricht in der Sekundarstufe II. Bd. 1: Fachdidaktische Grundfragen – Didaktik der Analysis. Braunschweig.

Ullrich, Peter (2003): Einige Bemerkungen zur Entstehung des Analysisunterrichts bis zur Mitte des 20. Jahrhunderts. Unveröffentlichtes Manuskript. Siegen.

Vinner, Shlomo (1983): Konflikte zwischen Definition und Intuition – Der Fall der Tangente. In: ml, Heft 1, 7-9.

Weigand, Hans-Georg (1999): Mathematikunterricht ... und die Folgen. In: ml, Heft 96, 4 - 8.

Westermann, Bernd (2001): Wiskunde A. Abituraufgaben aus den Niederlanden. In: ml, Heft 107, 56-60.

Wiegand, Bernd (1999): TIMSS als Spiegel für Defizite im deutschen Mathematikunterricht der Sek. II – Analysen von Aufgaben aus TIMSS-3 und Interpretationen der Ergebnisse. In: Beiträge zum Mathematikunterricht 1999, 594 - 597.

Wilenkin, Naum J. (1974): Methoden der schrittweisen Näherung. Leipzig.

Winter, Heinrich (1996): Mathematikunterricht und Allgemeinbildung. In: Mitteilungen der Gesellschaft für Didaktik der Mathematik Nr. 61, 37-46.

Wittmann, Erich Ch. (1987): Elementargeometrie und Wirklichkeit. Braunschweig.

Wong, Baoswan Dzung; Kirchgraber, Urs; Schönenberger-Deuel, Johanna; Zogg, Daniel (2003): Differenzieren – Do It Yourself. Zürich.

Stichwörter

Printed in the United States
By Bookmasters